Fortschritte im Hochbau und deren Anwendbarkeit im österreichischen Bauwesen

Von

Privatdozent Ing. Dr. techn. Sepp Heidinger
Graz

Springer-Verlag Berlin Heidelberg GmbH 1931

ISBN 978-3-662-27243-5 ISBN 978-3-662-28729-3 (eBook)
DOI 10.1007/978-3-662-28729-3

Ursprünglich erschienen bei Österreichisches Kuratorium für Wirtschaftlichkeit, Wien 1931

Inhaltsverzeichnis.

Seite

Tabellenverzeichnis 5

Bilderverzeichnis 6

Zusammensetzung des Kuratoriumsausschusses für „Bauökonomie und Wohnungswesen“ 9

Vorwort des geschäftsführenden Vorsitzenden des Kuratoriums Bundeskanzler a. D. E. Streeruwitz 11

Einleitung 13

Wissenschaftliche Grundlagen 15

A. Wärmeschutz 15

a) Wärmeleitung 15

b) Wärmehaltung 23

B. Schallschutz 24

Bauteile und Baustoffe 27

A. Tragende Wände 27

1. Wände aus gebrannten Tonziegeln 27

2. Wände aus Beton 40

B. Skelettwände 50

1. Holzskelett 50

2. Stahlskelett 53

3. Eisenbetonskelett 60

C. Kaminausbildung 61

D. Außenputz 63

E. Zwischenwände 64

F. Decken 65

1. Holzbalkendecken 66

2. Massivdecken 68

a) Stahlträgerdecken

b) Eisenbetondecken

c) Hohlsteindecken

3. Linoleum auf Massivdecken 74

G. Fenster und Türen 75

Seite

Erfahrungen mit neuen Bauweisen 77
A. Wirtschaftlichkeit 78
B. Wärmeschutz 79
C. Schallschutz 83

Baubetrieb in Deutschland 85
A. Organisation der Baustellen 85
B. Werkzeuge 86
C. Schalungen 87
D. Gerüste 88
E. Baumaschinen 98

Gemeinschaftsarbeit 111

Vergleich der Baukosten in Deutschland und Österreich . . 113

Schlußbetrachtung 118

Nachtrag 121

Literaturverzeichnis 123

Liste der ÖKW-Veröffentlichungen Juni 1931 125

Tabellenverzeichnis.

Seite

I. Wärmeleitzahlen von Baustoffen 16
II. Porosität von Baustoffen 19
III. Zusammenhang zwischen der Wärmeleitzahl und dem Raumgewicht der Baustoffe 19
IV. Einfluß der Feuchtigkeit auf die Wärmeleitzahlen . . 20
V. Äquivalente Wärmeleitzahlen von Luftschichten bei normalen Baustoffen 21
VI. Forderungen für Wärmeschutz 23
VII. Forderungen für Wärmehaltung 24
VIII. Forderungen für Schallschutz 25
IX. Festigkeitsuntersuchungen von Mauerwerk 36
X. Elastizitätsuntersuchungen von Mauerwerk 37
XI. Wärmedurchgangsversuche in der Versuchssiedlung München 80
XII. Wärmedurchgangsversuche in der Versuchssiedlung Törten 81
XIII. Wärmedurchgangsversuche in der Versuchssiedlung Frankfurt a. M. 82
XIV. Stundenlöhne und Baustoffdurchschnittspreise frei Baustelle am 1. Juli 1930 in RM 114

Bilderverzeichnis.

Seite

1. Gewöhnlicher Langlochstein d. F. 29
2. Lochhauser Ziegel 29
3. Poröser Langlochstein 29
4. Dümmler Ziegel 30
5. Hohlziegel-Stöhr 30
6. Heyer-Ziegel 30
7. Püschelziegel 30
8. Brico-Hohlziegel 30
9. Feifel-Einheitsstein 32
10. Feifel-Teilstein 32
11. Feifelblock-Einhandstein 32
12. Feifel-Ausfachungsstein 32
13. Feifel-Anschlagsteine 32
14. Feifel-Falzblockstein 32
15. Feifel-Falzblockstein 32
16. Feifel-Falzhohlstein 32
17. Feifel-Hakenstein 32
18. Verband von Feifel-Falzhohlsteinen 32
19. Verband von Anschlagsteinen und Einheitssteinen . . 32
20. Verband von Feifel-Teilsteinen und Einheitssteinen . . 32
21. Verband von Feifel-Ausfachungs- und Einheitssteinen 33
22. Verband von Feifel-Teilsteinen und Einheitssteinen . . 33
23. Verband von Feifel-Falzblocksteinen 33
24. Verband von Feifel-Einhandsteinen und Einheitssteinen 33
25. Verband von Feifel-Block-Einhandsteinen und Feifel-Teilsteinen 33
26. Verband von Feifel-Anschlagsteinen und Einheitssteinen 33
27. Verband von Feifel-Anschlagsteinen 33
28. Verband von Feifel-Anschlagsteinen und Einheitssteinen 33
29. Verband von Feifel-Hakensteinen 33
30. Tür- und Fensterstürze mit Feifelblock 34
31. *a)* E. H. Z.-System: Gnöth-Braun 34
    b) „ Pirlo 34
    c) „ Schatz 34
    d) „ Avan 34
32. Wand aus E. H. Z. und Ziegeln d. F. 37
33. Aristosstein 38

Seite

34. Fritzensstein 38
35. Wettstein 39
36. Weikert-Hohlziegel 39
37. System Hubalek 45
38. *a—c:* Normalsteine System Remy 45
39. Aerokretsteinwand 46
40. Aerokretsteinwand Deckenauflager 46
41. Stahlskelettausfachung (Haus Mies van der Rohe, Weissenhof) 57
42. Stahlskelettausfachung (Siedlung Heeren Werwe) . . 57
43. Stahlskelettwand: System Müller 58
44. Stahlskelettwand: System Spiegel 58
45. Stahlskelettwand: System Müller für Leichtprofile . . 58
46. Stahlskelettwand: System Wayss & Freytag 59
47. Stahlskelettwand: Torkret-Auskleidung 59
48. Schofer-Kamin 62
49. „ 62
50. „ 62
51. „ 62
52. Wellenfalz 65
53. Nutenfalz 65
54. Gips-Schenkel-Platten 65
55. Österr. Holzbalkendecke 66
56. Deutsche Holzbalkendecke 66
57. Holzbalkendecke mit Bimskiesfüllung 67
58. Holzbalkendecke mit Gipsdielen 67
59. Holzbalkendecke 67
60. „ 67
61. „ 67
62. Rhenusdecke 67
63. Spiegeldecke 69
64. Galke'sche Massivdecke 69
65. Katzenberger Massivdecke 70
66. Rapid-Träger Decke 71
67. Massivdecke Spandau-Haselhorst 71
68. Feifel-Deckenstein 72
69. Remy U-Stein 72
70. Remy-Deckenstein (kombiniert) 72
71. Heimbach-Schneider-Deckenstein 72
72. Seilig-Decke 73
73. Feifel-Decke 73
74. Rapid-Ziegeldecke 73

Seite

75. Wenko-Hohlbalkendecke 74
76. Gifega-Norma-Kellerfenster 76
77. Schlackenbetonhohlstein, Versuchssiedlung Dessau-Törten 80
78. Maurerkelle in Leipzig 86
79. Tragreff 86
80. Schalwerkzeug, Nagelzieher 87
81. Einschalzwinge System „Dürr“ 88
82. Außengerüst 89
83. Berliner Maurergerüst 95
84. Hamburger Gerüst 97
85. „ „ 97
86. „ „ 98
87. Torkret Stahlrohrgerüst 99
88. Anwendung des Torkret Schnellgerüstes: Haus Grenzwacht, Aachen 100
89. Betonpfeife 102
90. Betonpfeife auf Förderwagen 103
91. Beschickung einer Betonmischmaschine durch zwei Förderbänder 105
92. Betontransport durch Förderband 105
93. Betonpumpe 106
94. Rohr für Betonpumpe 106
95. Pumpbeton, weichbreiig-zähflüssig 107
96. Pumpbeton steifbreiig-plastisch 107
97. Vergleich zwischen Gußbetonanlage und Betonpumpe . . 109
98. Deob-Bautrockner 110
99. „Hexa“-Einhandstein 122
100. „Hexa“-Hohlblock 122
101. Eckverband aus „Hexa“-Hohlziegeln 122
102. Handgriff für „Hexa“-Hohlblock 121
103. „Hexa“-Decke 122

Zusammensetzung des Kuratoriumausschusses für „Bauökonomie und Wohnungswesen“.

Stand April 1931.

Obmann:

Stadtbaudirektor a. D. Ing. Dr. techn. h. c. Heinrich Goldemund, Präsident der Universale Bau.-A.-G.

Obmannstellvertreter:

Professor Baurat Ziv.-Architekt Siegfried Theiß (Technische Hochschule, Wien).

Mitglieder:

Kammerrat Stadtrat Ing. Ludwig Biber.
Johann Böhm, Sekretär der österreichischen Baugewerkschaft.
Architekt Ing. Dr. Karl Brunner (derzeit in Südamerika).
Ing. Pavlos Giannelia.
Ing. Albert Glaser, Baudirektor, Direktor der Wiener Baugesellschaft.
Hofrat Dr. Wilhelm Hecke.
Privatdozent Ing. Dr. techn. Josef Heidinger, Technische Hochschule, Graz.
Ziv.-Architekt Otto R. Hellwig.
Hofrat Professor Ziv.-Architekt Dr. Karl Holey.
Baurat h. c. Ziv.-Architekt Hans Jaksch.
Kammer- und Kommerzialrat Johann Jung.
Dr. Karl Karlik, Direktor der Landeshypothekenanstalten für Niederösterreich und das Burgenland.
Kammerrat Dr. Martin Kink.
Oberstadtbaurat Ing. Ludwig Mayer, Stadtbauamt Wien.
Zentraldirektor Ing. Theodor Pierus.
Stadtbaurat Ing. Theodor Schindler, Stadtbauamt Wien.
Professor Ziv.-Architekt Siegfried Sitte.
Ing. Maximilian Soeser. Honorardozent der Technischen Hochschule Wien, Ges. d. Bauunternehmung Rella & Co.

Ing. Ludwig Sommerlatte.
Baumeister Ing. Theodor Titze.
Oberbaurat Ing. Adolf Trampler.
Ziv.-Architekt Ing. Richard Weisse, Assistent der Technischen Hochschule Wien.

Delegierte der Bundesministerien:

Bundesministerium für Handel und Verkehr:

Ministerialrat Ing. Robert Jaksch.
Ministerialrat Dr. Friedrich Rucker.
Ministerialrat Ing. Karl Pichler.
Sektionsrat Ing. Fritz Vogel.

Sonderkomitee des Ausschusses:

Vorsitzender:

Professor Baurat Ziv.-Architekt Siegfried Theiß.

Mitglieder:

Privatdozent Ing. Dr. techn. Josef Heidinger.
Ministerialrat Ing. Robert Jaksch.
Oberstadtbaurat Ing. Ludwig Mayer.
Ing. Maximilian Soeser, Honorardozent der Technischen Hochschule Wien, Ges. d. Bauunternehmung Rella & Co.
Stadtbaurat Ing. Theodor Schindler.
Sektionsrat Ing. Fritz Vogel.
Ziv.-Architekt Ing. Richard Weisse.
Ein Vertreter des Österreichischen Normenausschusses für Industrie und Gewerbe (Önig).

Geschäftsstelle des Österreichischen Kuratoriums für Wirtschaftlichkeit:

(Wien, I., Stubenring 8—10, Fernruf R 23-5-00 u. R 25-0-05.)

Geschäftsführer: Dr. u. Ing. Günther Bandat, Mitglied des ÖKW-Vorstandes.
Stellvertreter: Ing. Rudolf Teufelberger.

Vorwort.

Die ungeregelte Entwicklung des Wohnungswesens in der Nachkriegszeit hat auch im Bauwesen Verhältnisse geschaffen, welche sich von denen in der Vorkriegszeit im Wesen und in vielen Einzelheiten gänzlich unterscheiden. Es ist festzustellen, daß ein verstärktes Streben nach der Verbesserung der Wohnungsverhältnisse mit einer relativ starken Steigerung der Baukosten zusammengetroffen ist.

Unter diesen Umständen war es naheliegend, daß das Österreichische Kuratorium für Wirtschaftlichkeit schon frühzeitig einen Ausschuß für Bauökonomie und Wohnungswesen einsetzte und diesem die nachfolgende Problemstellung zur Bearbeitung übergeben hat:

1. Feststellung des tatsächlichen Bedarfes an Wohnungen vom Standpunkte der Bevölkerungsbewegung unter Berücksichtigung der zunehmenden Wohnkultur und der Ersatznotwendigkeit infolge Abnützung.
2. Studium der den österreichischen Verhältnissen und dem Wesen der Bevölkerung bestangepaßten Bauweise (Verteilung, Bauplan, Einrichtung).
3. Prüfung des österreichischen Bauindex. Vergleich mit den Baukosten anderer Staaten. Ursachen der Abweichungen. Technische Mittel zur Verbilligung der Wohnbaukosten unter besonderer Prüfung ihrer Anwendbarkeit auf österreichische Verhältnisse.

Besonderer Dank gebührt dem Referenten Herrn Dozenten Ing. Dr. techn. Heidinger und vor allem auch dem Vorsitzenden des Ausschusses Baudirektor Ing. Dr. techn. Goldemund; den unentwegten Bemühungen besonders dieser Herren ist es zuzurechnen, daß die vorliegende übersichtliche und umfassende Darstellung über die Anpassungsmöglichkeiten des österreichischen Bauwesens an die Fortschritte der Bautechnik in anderen Ländern (insbesondere Deutschland) nunmehr zum Abschluß gebracht werden konnte. Dank gebührt insbesonders auch dem Bundesministerium für Handel und Verkehr, das dem Kuratorium durch Gewährung besonderer Mittel die Entsendung des Verfassers dieser Arbeit zu einer einmonatigen Studienreise nach Deutschland ermöglichte. Die Erfahrungen, die der Referent auf dieser Studienreise schöpfte, bildeten die Unterlagen für die Bearbeitung des vorliegenden Werkes. Das Kuratorium für Wirtschaftlichkeit übergibt sohin die folgende Schrift der Öffentlichkeit in der Erwartung, daß die mit vieler Mühe zustandegekommene gediegene Leistung hervorragender Fachmänner des österreichischen Bauwesens im Hinblick auf die Wichtigkeit des behandelten Gegenstandes freundliche Aufnahme und Würdigung finden möge.

Wien, im Mai 1931.

Ernst Streeruwitz e.h.
Geschäftsführender Vorsitzender des ÖKW.

Einleitung.

Die technischen Fortschritte der letzten Jahrzehnte haben Wohnbedürfnis und Bauart verändert. Mit der Entwicklung der Statik und des Materialprüfungswesens sind wir frühzeitig zur Erkenntnis gekommen, daß die starken Mauern der alten Häuser aus Gründen der Festigkeit nicht notwendig sind und — von diesem Gesichtspunkte aus betrachtet — die alten Wohnbauten eine große Materialverschwendung aufweisen. Dagegen wissen wir aber, daß diese alten Häuser uns reichlich Schutz gegen die Unbilden der Witterung und gegen Lärmbelästigung bieten und geboten haben.

Die technische Entwicklung hat jedoch Erscheinungen gezeitigt, die für den Wohnbau erhöhte Forderungen bedingten. Denken wir nur an die Lärmbelästigung; früher waren Pferdefuhrwerk und Klavier deren einzige Quellen, heute sind Auto, Motorrad und Lautsprecher Lärmursachen, deren schädliche Auswirkung für das Wohnen durch eine sachgemäße Bauführung verhindert werden muß.

Früher war die Erschütterungsmöglichkeit der Häuser durch den Verkehr eine geringe, heute — im Zeichen des schweren Lastkraftwagenverkehrs — gewinnt auch diese Erscheinung, zumindest für Bauwerke an Verkehrsstraßen, erhöhte Bedeutung.

Das Tempo unserer Tagesarbeit und die Mechanisierung der Produktion erfordern vom Standpunkt der Volksgesundheit ruhige Wohnungen, in welchen eine Entspannung der durch die Tagesarbeit stark beanspruchten Nerven erfolgen kann; die Wohnungen sollen uns schließlich sicheren Schutz vor den Unbilden der Witterung bieten.

Unser Wohnbedürfnis hat sich auch mit der Entwicklung der Technik bedeutend erhöht. Sanitäre Anlagen, Gasleitung (mindestens zum Kochen), elektrische Leitung für Licht und Hauswirtschaftsgeräte sind eine allgemeine Forderung für Neubauwohnungen.

Wenn wir nur vom Standpunkt der Festigkeit ausgehen, dann können wir das Bauen im Vergleich zur Friedenszeit verbilligen. Die Forderungen nach höherer Wohnkultur, nach stärkerem Lärmschutz usf. sind aber wieder verteuernde Momente.

Noch eine Wandlung in unserer Volkswirtschaft und im sozialen Leben hat entscheidend auf die Entwicklung des Hochbaues in den letzten Jahren eingewirkt. Dringende Wohnungsnot und hoher Leihzinsfuß der Baukapitalien verlangen eine rasche Baudurchführung. Die früher für die Austrocknung der Häuser als notwendig angesehene Zeit wird heute auf einen Bruchteil herabgesetzt. Daraus ergeben sich wieder Forderungen und Versuche für eine neue Ausführung der Hochbauten.

Die durch die Massenproduktion in der Fabrik mögliche Verbilligung der Erzeugung hat naturgemäß auch die Tendenz ausgelöst, den Wohnbau mehr als bisher in die Fabrik zu verlegen.

Diese kurz angedeuteten veränderten Verhältnisse haben eine Unmenge von Vorschlägen für neue Baustoffe, Bauteile und Bauweisen gebracht, eine Erscheinung, die durch den Mangel an Baustoffen in der ersten Nachkriegszeit verstärkt wurde.

Wichtige Fragen drängen sich uns da auf: Was von dieser Vielheit an Baustoffen hat sich bewährt, was kann in Österreich in Ansehung der hier vorhandenen Rohstoffe davon Verwendung finden, was ist noch entwicklungsfähig? Das sind alles Fragen, die dringend zu beantworten sind, damit unsere Bauwirtschaft und letzten Endes unsere Volkswirtschaft nicht zu Schaden kommen.

Wir wollen in einem festen Haus gesichert gegen die Unbilden der Witterung und gegen Lärmbelästigung billig und bequem wohnen. Wie weit die Fortschritte im Hochbau diesen Forderungen genügen, das soll die nachfolgende Untersuchung zeigen.

Damit wir wirklich feststellen können, was Fortschritte sind, müssen wir zunächst kurz einige wissenschaftliche Grundlagen des Wohnbaues bringen.

Wissenschaftliche Grundlagen.

A. Wärmeschutz.

Da eine Wohnung Schutz gegen die Unbilden der Witterung gewähren soll, so muß das Bauwerk wärmetechnisch genügen. Erfahrungsgemäß ist dies dann der Fall, wenn an den Innenflächen der Wände auch bei kältester Witterung die Bildung von Schwitzwasser sicher verhindert wird. Wird der Raum dauernd geheizt, dann ist nur die Wärmeleitfähigkeit der Begrenzungsflächen im Zusammenhang mit der Leistungsfähigkeit der Heizung maßgebend, ob diese Bedingung erfüllt werden kann.

Da jedoch die Heizung in den Wohnräumen vielfach nicht dauernd in Wirksamkeit ist und rascher Temperaturwechsel und Windanfall erhöhte Wärmeabgabe zur Folge haben, so müssen für diesen Fall auch die Umfassungswände ein gewisses Wärmehaltungsvermögen haben, damit sich nicht Schwitzwasser bildet. Der Wohnraum muß aber auch gegen die Sonnenhitze geschützt werden, damit im Sommer das Wohnen nicht zur Qual wird.

a) Wärmeleitung.

Wenn eine Mauer an den beiden Begrenzungsflächen die Lufttemperaturen t_i und t_a hat, so ist die durch die Mauer fließende Wärmemenge Q im Beharrungszustand.

$$Q = k. F. (t_i - t_a) \text{ kcal/h}.$$

Hierin ist k die Wärmedurchgangszahl und wird ermittelt aus der Gleichung:

$$\frac{1}{k} = \frac{1}{\alpha_i} + \frac{d_1}{\lambda_1} + \frac{d_2}{\lambda_2} + \cdots + \frac{1}{\alpha_a}$$

α_i, α_a sind die Wärmeübergangszahlen an den beiden Begrenzungsflächen der Wand.

d_1, d_2 . . . die Wandstärke gleichartiger Wandteile in Meter.

λ_1, λ_2 . . . die Wärmeleitzahlen der einzelnen Wandteile.

F . . . Fläche in m^2.

I. Wärmeleitzahlen von Baustoffen.

Je nach Art und Verwendung der Stoffe sind drei Feuchtigkeitsgrade berücksichtigt:
Absolut trocken (nur imprägnierte Isolierplatten, sorgfältig verlegt),
Trocken .... 5 Volumprozente Feuchtigkeit (Innenmauern, Hohlsteine, Luftschichtmauern als Außenmauern),
Normalfeucht .... 10 Volumprozente Feuchtigkeit (Außenmauern).

Material	Raumgewicht in kg/m³	Wärmeleitzahl in kcal/mh° C
Isolierstoffe, trocken		
Kork- und Torfplatten imprägniert	100 200 400	0·035 0·040 0·055
Torfmull, gew. Torfsteine oder Platten nicht imprägniert .	100— 200	0·10
Isolierdielen, gebrannte Kieselgursteine	—	0·10
Füllstoffe, trocken		
Hobelspäne	100— 140	0·06
Sägespäne	190— 215	0·06
Hochofenschaumschlacke . .	300 – 400	0·11
Kesselschlacke	700— 750	0·14
Sand, Kies	1.500—1.800	0·30
Holz, lufttrocken, senkrecht zur Faser		
Leichthölzer (Balsa)	100— 300	0·06
Fichte, Kiefer, Tanne . . .	400— 700	0·13
Buche, Eiche	700—1.000	0·18
Holz, lufttrocken, parallel zur Faser	—	ca. 0·34
Mauerwerk in Normalziegel d. F.		
a) Trocken:		
Hochporöse Ziegel, Holzzement, Schwemmsteine jeder Art, Schlackensteine, sonstige Kunststeine, z. B. aus Zellenbeton, Aerokret usw. . . .	600 800 1.000 1.200 1.400	0·27 0·32 0·39 0·46 0·54

Material	Raumgewicht in kg/m³	Wärmeleitzahl in kcal/mh°C
Ziegel- und Lehmsteine . . .	1.500—1.700	0·6
Kalksandsteine	1.700	0·7
	2.000	0·9
b) Normalfeucht:		
Hochporöse Ziegel, Holzzement, Schwemmsteine jeder Art, Schlackensteine, sonstige Kunststeine z. B. aus Zellenbeton, Aerokret usw. . .	600	0·35
	800	0·41
	1.000	0·49
	1.200	0·57
	1.400	0·67
Ziegel- und Lehmsteine . . .	1.500—1.700	0·75
Gebäudewände aus Platten oder gegossen		
a) Trocken:		
Gipsrabitz, Gipsdielen . . .	800	0·25
	1.000	0·30
	1.200	0·35
Bimsbeton, Schlackenbeton, Leichtbeton wie Zellenbeton, Aerokret usw.	800	0·23
	1.000	0·31
	1.200	0·39
	1.400	0·50
Kiesbeton	1.600—1.800	0·7
	1.800—2.200	1·0
Verputz	1.600	0·6
	1.800	0·8
b) Normalfeucht:		
Bimsbeton, Schlackenbeton, Leichtbeton wie Zellenbeton, Aerokret usw.	800	0·28
	1.000	0·38
	1.200	0·48
	1.400	0·61
Kiesbeton	1.600—1.800	0·8
	1.800—2.200	1·3
Verputz	1.600	0·8
	1.800	1·0
Natürliche Gesteine		
Porig wie Sandstein	2.200—2.400	1·4
Dicht wie Granit, Marmor, Kalk	2.400—3.000	2·5

Material	Raumgewicht in kg/m³	Wärmeleitzahl in kcal/mh°C
Sonstige Baustoffe		
Asbestzementschiefer	1.800	0·30
Asphalt	2.000	0·60
Bitumen	1.100	0·15
Dachpappe	1.000—1.200	0·18
Glas	2.400—2.600	0·60
Linoleum	1.200	0·16

Bei starken Wänden ist es, besonders für Vergleichszwecke, vielfach üblich, die Wärmeübergangswiderstände der Begrenzungsflächen zu vernachlässigen. Man erhält dann die Wärmedurchlaßzahl Λ der Wand aus folgender Gleichung:

$$\frac{1}{\Lambda} = \frac{d_1}{\lambda_1} + \frac{d_2}{\lambda_2} + \cdots$$

Die Wärmeleitzahl gibt jene Wärmemenge an, die durch 1 m² einer 1 m starken, aus gleichartigem Material hergestellten Wand stündlich hindurchgeht, wenn an den Begrenzungsflächen ein Temperaturunterschied von 1 Grad Celsius herrscht (Dimension kcal/mh° C; Kilokalorien pro Meter, Stunde und 1° C). Sie ist für verschiedene Baustoffe bestimmt und auf S. 16—18 in der Tafel I nach Cammerer (*22*) *) angegeben.

Bei Betrachtung dieser Wärmeleitzahlen fällt sofort auf, daß die Wärmeleitzahl um so kleiner ist, je geringer das Raumgewicht ist. Da das Wärmeleitvermögen der festen Bestandteile unserer anorganischen Baustoffe (mit Ausnahme der Metalle) ziemlich gleich groß ist (2,8—3,5 kcal/mh° C), so folgt, daß das Wärmeleitvermögen eines Baustoffes durch seine Porosität stark beeinflußt wird.

Über die Porosität der einzelnen Baustoffe gibt nachfolgende Tafel II (nach Cammerer, *17*) Aufschluß.

Die Poren der Baustoffe, die mit Luft ausgefüllt sind, sind daher Hauptträger des Widerstandes gegen die Wärmeleitung. Ruhende Luft hat, wenn man von der Wärmeübertragung durch Strahlung und Konvektion (Fortleitung) absieht (was bei Luft

*) (*1*)—(*32*) Die eingeklammerten Zahlen in Kursivschrift geben die Bezugsnummern des Literaturverzeichnisses (Seiten 123—124) an.

II. Porosität von Baustoffen.

Material	Ungefährer Luftgehalt in Volumprozenten	
Kiesbeton	15—35	Je nach der Größe des Wasserzusatzes, des Arbeitsvorganges und der Baustoffe.
Ziegelsteine	35—45	
Schlackenbeton	45—60	
Hochporöse Leichtbaustoffe	60—75	

in den Poren zulässig ist), nur die geringe Wärmeleitzahl von 0,02 kcal/mh° C.

Da die festen Bestandteile aller anorganischen Baustoffe nahezu gleiches spezifisches Gewicht haben, so ergibt sich ein Zusammenhang zwischen Wärmeleitzahl und Raumgewicht der Baustoffe, wie er nach Cammerer (*17*) in der folgenden Zahlentafel III für vollkommen trockene Baustoffe zusammengestellt ist.

III. Zusammenhang zwischen der Wärmeleitzahl und dem Raumgewicht der Baustoffe.

Material	Raumgewicht in kg/m³	Wärmeleitzahlen in kcal/mh° C
Hochporöse Leichtbaustoffe . .	ca. 600	0·11
Leichtbeton	„ 1000	0·20
Ziegelmauerwerk, dichter Schlackenbeton	„ 1500	0·35
Kiesbeton	„ 2000	0·70

Umgekehrt ist jedoch die Festigkeit eines Baustoffes um so kleiner, je kleiner das Raumgewicht ist; diese Tatsache darf bei Betrachtung des Wertes der Baustoffe nicht unbeachtet bleiben.

Die Wärmeleitfähigkeit der Baustoffe wird durch Feuchtigkeit erhöht. Nach Versuchen enthalten lufttrockene Baustoffe wegen der hygroskopischen Eigenschaften je nach den Lagerbedingungen bereits 2—5 Volumprozent Feuchtigkeit. In den

Bauteilen eines Hauses ist diese jedoch noch vielfach größer wegen der Baufeuchtigkeit, des Schlagregens, der Schwitzwasserbildung in feuchten Räumen und wegen der Bodenfeuchtigkeit. Nach Cammerer (*17*) kann man folgende Feuchtigkeits-Volumprozente annehmen:

Außenmauern, Dächer, Innenmauern von Räumen mit hoher Luftfeuchtigkeit (Küchen, Waschküchen usw.)	10 Volumprozent Feuchtigkeit
Innenmauern, Böden, Decken und Außenmauern mit absolut verläßlichem Feuchtigkeitsschutz	5 Volumprozent Feuchtigkeit

Den Einfluß der Feuchtigkeit auf die Wärmeleitzahlen gibt nachstehende Zahlentafel IV (nach Cammerer, *22*).

IV. Einfluß der Feuchtigkeit auf die Wärmeleitzahlen.

Feuchtigkeitsgehalt in Volumprozenten	Erhöhung der Wärmeleitzahl des trockenen Zustandes durch den Feuchtigkeitsgehalt in %	
	Pro 1 Volumprozent Wasser	Gesamtzuschlag
1	ca. 20—30	ca. 20—30
5	15·0	75
10	10·8	108
15	8·8	132
20	7·7	155
25	7·0	175

Von besonderer Bedeutung für die Ausführung der Außenwände ist der Umstand, daß in diesen dauernd ein Feuchtigkeitstransport in der Richtung des Wärmegefälles erfolgt. Daraus folgt die Forderung, die Außenhaut so zu gestalten, daß sie die aus dem Inneren transportierte Feuchtigkeit austreten läßt. Damit sie, besonders bei Schlagregen, das Eindringen von Feuchtigkeit in die Mauern verhindert, soll, soferne man einen Putz hat, ein wasserabweisendes Mittel beigesetzt werden, das aber den Transport von Feuchtigkeit nach außen zuläßt. Die Verkleidung der wetterseitigen Wände mit Zementschiefer usw. kann als entsprechend bezeichnet werden, da bei diesen Ausführungen die Möglichkeit gegeben ist, daß das Wasser austritt und dann an der Oberfläche verdunsten kann. Für die Frage der Schwitzwasserbildung an den Innenwänden ist noch zu beachten, daß bei Vorhandensein einer Luftströmung weniger leicht Schwitzwasserbildung eintritt, da sich dann die Temperatur der Maueroberfläche an die Lufttemperatur angleicht. Daraus erklärt sich auch die Erscheinung, daß Schwitzwasserbildung hauptsächlich an den Ecken und hinter Möbeln zu finden ist.

Im Bauwesen werden häufig Luftschichten als Wärmeschutz verwendet. Die Wärmeübertragung in solchen erfolgt:

1. durch Leitung;
2. durch Strahlung;
3. durch Konvektion (= Fortleitung), da sich Wärmeübertragung auch durch die Bewegung der in den Schichten eingeschlossenen Luft einstellt. Ruhende Luft hat eine kleine Wärmeleitzahl. Der Anteil der Wärmeübertragung durch Strahlung ist jedoch sehr groß, da die meisten Baustoffe ein hohes Strahlungsvermögen haben; dieses liegt etwa zwischen 90 und 95% des absoluten schwarzen Körpers (*29*). Der Einfluß der Konvektion nimmt mit der Stärke der Luftschicht zu. Nach den neuesten Versuchen sind in der nachfolgenden Zahlentafel V die äquivalenten Wärmeleitzahlen für Luftschichten nach Cammerer (*17*) angegeben; die hier vermerkten Wärmeleitzahlen beziehen sich auf die Wärmeübertragung aus den oben angegebenen drei Ursachen. Für die normalen Baustoffe wurde eine

V. Äquivalente Wärmeleitzahlen von Luftschichten bei normalen Baustoffen (Beton, Ziegel, Glas, Holz usw.)

Mittlere Temperatur in der Luftschicht in °C	Äquivalente Wärmeleitzahl einer Luftschicht in kcal/mh° C bei einer Schichtstärke von					
	0·5 cm	1 cm	2·5 cm	5 cm	10 cm	20 cm
— 10	0·036	0·054	0·11	0·21	0·45	0·98
0	0·040	0·058	0·12	0·23	0·49	1·05
+ 10	0·041	0 063	0·13	0·25	0·53	1·13
+ 20	0·044	0·069	0·14	0·28	0·58	1·22

Strahlungszahl von 93% der absolut schwarzen Körper eingesetzt.

Bei der Bauausführung ist zu beachten, daß eine waagrechte Unterteilung notwendig ist, um einzelne Luftfelder zu bilden; dadurch wird erreicht, daß die Luftkonvektion sich nicht stärker ausbilden kann als bei den Voraussetzungen, unter denen die obigen Zahlen errechnet sind (Höhe ungefähr 1 m).

Bei Ausführung von Mauerwerk mit Luftschichten ist zu beachten, daß durch Risse in diesem eine Verbindung der isolierenden Luftschicht mit der Außenwelt eintreten kann, wodurch natürlich jeder Isolationswert verloren geht. Außer dieser Gefahr ist jedoch bei Isolierung durch Luftschichten auch die Gefahr der Schwitzwasserbildung gegeben. Da die Frage der Schwitzwasserbildung in Luftschichten nicht geklärt ist, sollten im Bauwesen Luftschichten als Isolationsmittel nur mit äußerster Vorsicht verwendet werden. Am besten ist es, statt Luftschichten lose Füllstoffe zu verwenden. Die vielfach verwendete Schlacke muß natürlich sorgfältig ausgelaugt sein, um als Isolationsmittel Verwendung finden zu können.

Von besonderer Bedeutung sind die Wärmeverluste durch Fenster. Nach Hencky (*17*) ist der Anteil des Wärmeverlustes durch Fenster, wenn diese 18% der normalen Wand ($1^1/_2$ Ziegelsteinmauer, innen und außen Putz) betragen, am gesamten Wärmeverlust der Wand (samt Fenster):

	bei ruhender Luft	bei Windanfall
Einfachfenster	50%	68%
Doppelfenster	34%	54%

Wenn man den Wärmeverlust der Normalwand mit Doppelfenster bei ruhiger Luft mit 100% annimmt, so ergibt sich folgendes Bild:

Wärmeverlust bei Einfachfenster und ruhiger Luft . . .	130%
Wärmeverlust bei Doppelfenster und Windanfall . . .	160%
Wärmeverlust bei Einfachfenster und Windanfall . . .	230%

Die große Bedeutung der sachgemäßen Ausführung der Fenster für den Wärmeverlust geht aus diesen Zahlen bereits hervor.

Bei der Vielheit der vorhandenen Baustoffe ist es zweckmäßig, sich ein Bild zu machen, welche Forderungen in wärmetechnischer Beziehung an ein Haus gestellt werden müssen. Dieser Aufgabe hat sich Reiher (*31*) unterzogen. Die nachfolgende Zusammenstellung gibt über seine Forderungen bezüglich Wärmedurchlässigkeit Aufschluß:

VI. Forderungen für Wärmeschutz.

Bauteil	Forderung
1. Umfassungswände	Vermeidung von Schwitzwasserbildung an der Innenwand: $1^1/_2$ Stein starke Ziegelmauer d. F. genügt im allgemeinen. In sehr kalten Gegenden notwendig: 2 Stein starke Ziegelmauer. In Räumen mit erhöhter Luftfeuchtigkeit (Küchen, Waschküchen, Mehrpersonenschlafzimmer) ist ein höherer Wärmeschutz notwendig als der einer $1^1/_2$ Stein starken Ziegelmauer.
2. Dachkonstruktion, einschließl. oberster Decke	Schutz einer 2 Stein starken Vollziegelmauer.
3. Wohnungs- u. Haustrennungswände	Schutz einer 1 Stein starken Ziegelmauer.
4. Trennwände innerhalb der Wohnung	Kein besonderer Wärmeschutz erforderlich.
5. Deckenkonstruktion a) Decke gegen Keller, Dach und Durchfahrten	Schutz durch eine $1^1/_2$ Stein starke Ziegelmauer.
b) Zwischendecken	Schutz durch eine 1 Stein starke Ziegelmauer.
6. Fenster	Gut eingepaßte und gut gearbeitete Doppelfenster.
7. Hauseingangstüren und Wohnungsabschlußtüren	Schutz durch eine $1^1/_2$″ (ca. 4 cm) dicke, dichte Fichtentüre.
8. Luftdurchlässigkeit und Feuchtigkeitsaufnahme	Beide verringern stark den Wärmeschutz. Bei Bauausführung sorgen, daß diese störenden Einflüsse nicht zur Geltung kommen.

b) Wärmehaltung.

Im Wohnungsbau haben wir damit zu rechnen, daß die Heizung während der Nacht unterbrochen wird. Während dieser Zeit kühlt sich die Luft des Wohnraumes ab, ihre Temperatur darf aber nicht so weit sinken, daß Schwitzwasserbildung auftritt. Es muß daher die während der Heizperiode in den Wänden und in den Möbeln aufgespeicherte Wärme so groß sein, daß sie ein Herabsinken der Wohnungstemperatur bis zum Taupunkt verhindert. Da das Streben nach dünnen Wänden bei den Ersatzstoffen vorhanden und im Skelettbau eine Selbstverständlichkeit ist, so müssen wir fordern, daß diese geringe Wärmeleitzahlen haben. Damit sinkt aber die Wärmespeicherfähigkeit gegenüber einer normalen Ziegelmauer. Die wissenschaftliche Untersuchung dieser Probleme ist noch nicht so weit, daß eindeutige Resultate vorliegen.

Die Forderungen für Wärmehaltung hat Reiher in der oben angegebenen Arbeit aufgestellt; sie mögen aus der folgenden Übersicht entnommen werden:

VII. Forderungen für Wärmehaltung.

Bauteil	Forderung
1. Umfassungswände	Wärmespeicherung einer 20 cm starken Vollziegelmauer.
2. Dachkonstruktion einschließlich darunter liegender Decke	Gleich wie unter 1.
3. Fußböden	Holzfußboden oder gleichwertige.

Literaturhinweis: *2, 3, 5, 16, 17, 18, 19, 21, 22, 28, 29, 30.*

B. Schallschutz.

Die Schwingungen, die eine Schallquelle verursacht, setzen sich in der Luft als Luftschall und im Bauwerk als Körperschall fort. Wenn der Luftschall auf eine Begrenzungsfläche des Raumes trifft, so setzt er den betreffenden Bauteil in Schwingungen, die im Nachbarraume wieder Ursache einer Schallstörung werden. Daraus folgt bereits, daß die Größe des Konstruktionsteiles, sein Spannungszustand und seine Zusammensetzung (Baustoff), die Art des Zusammenbaues des Gebäudes und die Sorgfalt der Ausführung von Einfluß auf die Schallstörung im Nachbarraum sein werden. Die Decken in den Wohnräumen sind durch das Gehen, Rücken von Stühlen, Klavierspielen usw. besonders durch Körperschall beansprucht. Die dadurch entstandenen Geräusche sind dann besonders fühlbar, wenn diese nicht bereits an der Entstehungsstelle gemildert werden.

VIII. Forderungen für Schallschutz.

Bauteil	Forderung
1. Außenwände	In Stadt- und Verkehrsstraßen eine $1^1/_2$ Stein starke verputzte Ziegelmauer (38 cm). Frage des Schallschutzes bei Skelettbauten noch nicht geklärt.
2. Gemeinschaftsmauern (Brandmauern)	Schallschutz wie unter 1. Bei schwachen Mauern zwei getrennte Mauern mit dazwischenliegender bewehrter Isolierung.
3. Fundamente	Genügend Masse, um ein Eindringen der Straßenerschütterung in Teile des Hauses zu verhindern. Bei Reihenhäusern sind die Fundamente der einzelnen Gebäude durch Trennfugen zu sondern.
4. Dach	Ausbildung des Daches so, daß in den darunter liegenden Wohnungen die Geräusche des auffallenden Regens und Hagels nicht hörbar sind.
5. Wohnungstrennwände	1 Stein starke verputzte Ziegelmauer.
6. Scheidewände in Wohnungen	$^1/_2$ Stein starke verputzte Ziegelmauer.
7. Deckenkonstruktion	Versuche noch nicht abgeschlossen, daher keine eindeutige Forderung. Normale deutsche Holzbalkendecke (Fehlboden, normale Auffüllung, Blindboden, Parkettboden und Rabitzputz) genügt bei engbewohnten Häusern nicht. (Österreichische Ausführung der Tramdecke dürfte genügen, worüber durch Versuche Klarheit zu schaffen wäre: Der Verfasser.)
8. Fenster	Gut gearbeitete und gut eingebaute Doppelfenster genügen.
9. Hauseingangs- und Wohnungstüren	Schallschutz einer dichten und gut schließenden $1^1/_2''$ starken (fugenlosen) Fichtenholztüre.
10. Rohrleitungen	Beim Einbau sorgen, daß durch diese keine Schallübertragung von einer Wohnung zur anderen eintritt.
11. Gesamtbauwerk	Die schalltechnischen Eigenschaften eines Gebäudes hängen außer von den Bauteilen auch vom Zusammenbau derselben ab. Maßgebend ist das dynamische Verhalten des ganzen Bauwerkes.

Bei Versuchen über die Schalldurchlässigkeit einer Konstruktion bediente man sich folgender Formel zur Ermittlung der Schalldurchlässigkeit:

$$\text{Schalldurchlässigkeit} = \vartheta = \frac{L_2}{L_1} = \frac{\text{durchgehende Schallstärke}}{\text{auftreffende Schallstärke}}$$

Diese Zahl ist jedoch nicht in Übereinstimmung mit dem Empfinden des Ohres; man nimmt hier den negativen natürlichen Logarithmus von ϑ als Schallisolation i. Demnach ist

$$i = -l_n \vartheta = + l_n \frac{L_1}{L_2}$$

Es bietet dann ein Bauteil mit i = 10 einen doppelten Schallschutz gegenüber einem anderen mit i = 5.

Die beim Wohnungsbau zu stellenden Anforderungen für Schallschutz sind nach Reiher (*31*) in vorstehender Tafel VIII zusammengestellt.

Die von der Reichsforschungsgesellschaft für Wirtschaftlichkeit im Bau- und Wohnungswesen (RFG)-Berlin W 9 bereits durchgeführten und noch fortzusetzenden Versuche werden voraussichtlich bald zu einem für die Baupraxis befriedigenden Abschluß führen, so daß man beim Entwurf für Neubauten alle Maßnahmen sicher vorsehen kann, um unzulässige Schallstörungen zu vermeiden. Besondere Beachtung muß dieser Frage beim Skelettbau gewidmet werden.

Es sei hier vermerkt, daß Reiher (*6*) in seiner neuesten Arbeit über Schalluntersuchungen die unter Punkt 7 der obigen Tabelle beschriebene Decke als Mindestschutz bereits gelten läßt.

Festgestellt sei noch, daß die Maßnahmen zum Schallschutz verteuernd auf das Bauen wirken.

Literaturhinweis: *2*, *3*, *5*, *6*, *16*, *21*, *30*.

Bauteile und Baustoffe.

A. Tragende Wände.

Die im normalen Hochbau verwendeten Wände haben außer der raumschließenden Bestimmung die Aufgabe, die Dach- und Deckenlasten sowie das Eigengewicht auf den Baugrund zu übertragen und einen Schallschutz zu gewähren; die Außenmauern haben überdies noch die Wohnung gegen die Unbilden der Witterung zu schützen. Die Mittelmauern haben bei der üblichen Bauausführung neben den statischen Aufgaben auch noch die Führung der Rauchzüge und Entlüftungsleitungen zu ermöglichen.

1. Wände aus gebrannten Tonziegeln.

In Österreich hatten die Ziegel bis nach dem Weltkrieg das Format 6,5 × 14 × 29 cm. Diese Normung ist schon sehr alt; die steiermärkische Bauordnung vom 9. Februar 1857 gibt in der dem Anhang angeschlossenen Ziegeleibauordnung in § 1 an, daß die bisherigen Ziegelmaße von 6,5×14×29 cm beibehalten werden. Seither dringt in Österreich das deutsche Ziegelformat (d. F.) 6,5×12×25 cm immer mehr durch. Diese Wandlung im Ziegelmaterial ist wirtschaftlich nur dann vertretbar, wenn wir die Mauern nunmehr in gleichen Ziegelstärken nach deutschem Format statt früher nach österreichischem Format herstellen. Da die zu verarbeitenden Steine kleiner sind, so ergibt sich dadurch auf den Kubikmeter Mauerwerk beim deutschen Format mehr Arbeitsaufwand und ein größerer Gehalt an Mörtel und damit an Feuchtigkeit. Diese Nachteile konnten nur in Kauf genommen werden, weil sie durch den Vorteil der Verringerung der Mauerstärke überwogen werden. Die $1^1/_2$ Stein starke Ziegelwand d. F. genügt normal den Anforderungen, die wir in wärmetechnischer Beziehung stellen müssen. In statischer Hinsicht sind wir meist nicht in der Lage, die zulässige Festigkeit bei unseren Bauten auszunützen. Das starke Steigen des Arbeitslohnes, das sich bei der reinen Handarbeit des Ziegelmauerns besonders auswirken muß, bedingte das Streben nach Verbilligung in der Herstellung des Ziegelmauerwerkes; dies ist eine Frage, mit der sich weiteste Baufachkreise beschäftigen, da man das alterprobte Ziegelmaterial auch den geänderten Verhältnissen anpassen will.

Die Tendenz dieser Verbilligungsbestrebungen ist folgende: Die Festigkeit unserer Mauerziegel ist im allgemeinen nicht ausgenützt, es muß daher die Mauerstärke verringert werden. Dies ist nur möglich, wenn die neuen Ziegel wärmetechnisch den alten Ziegeln überlegen sind. Diesen Forderungen entsprechen die porösen Ziegel und — wenn auch nicht immer ideal — die Hohlziegel. Die zu verarbeitende Ziegeleinheit muß größer sein als das deutsche Format; hiedurch könnten die Arbeitskosten verbilligt und an Mörtel gespart werden. Das Sparen von Mörtel bedeutet gleichzeitig eine Herabminderung der Feuchtigkeitszufuhr in das Mauerwerk, was wegen der notwendigen kurzen Bauzeit (hoher Zinsfuß, drückende Wohnungsnot) sehr erstrebenswert wäre.

Wenn wir die Neuerungen auf dem Gebiete des Ziegelsteines richtig würdigen wollen, dann müssen wir gerechter Weise die Hauptvorteile des bisherigen Steines noch besonders hervorheben. Die $1^1/_2$ Stein starke Ziegelmauer galt als Mindeststärke der Außenmauer. Durch das kleine Format ist eine satte Ausfüllung der Stoßfugen bei der Bauausführung am ehesten zu erreichen. Da der normale Mörtel ungefähr die gleiche Wärmeleitfähigkeit besitzt wie der Ziegelstein, so ist die Ziegelmauer in wärmetechnischer Beziehung bei sachgemäßer Arbeit als Einheit zu betrachten.

Durch Verwendung von Mörtel mit entsprechender Druckfestigkeit ist man auch imstande, den verschiedenen Ansprüchen an Festigkeit in den einzelnen Mauerwerksteilen leicht zu entsprechen, es sei z. B. nur auf die Fensterpfeiler verwiesen. Durch das kleine Format war das Ziehen der Rauch- und Lüftungszüge leicht möglich. Auch das Einbinden der Zwischenwände wird in einfacher und guter Weise möglich.

Wenn wir diese Vorzüge beachten, dann müssen wir für alle Neuerungen die Forderung stellen, daß das Steinformat ein Vielfaches vom deutschen Format sein soll, damit die Vollziegel mit den neuen Steinen gemeinsam verwendet werden können. Soferne es sich um Hohlziegel handelt, ist diese Forderung auch deshalb wichtig, damit an den Stellen, wo wegen Leitungen Stemmarbeiten notwendig sind, die hiefür besser geeigneten Vollziegel verwendet werden können. Da die Frage der Isolierung durchgehender Luftschichten noch nicht geklärt ist, so wird man vorläufig — bis zur Klarstellung dieser Frage — jenen Steinen den Vorzug geben, die nur kleine Lufträume bilden.

Bei allen Bestrebungen nach Großformatsteinen ist aber zu beachten, daß deren Herstellungsmöglichkeit wesentlich abhängig ist von dem zur Erzeugung verfügbaren Rohmaterial.

Bei den Neuerungen haben wir grundsätzlich zu unterscheiden, ob das Gewicht des Steines nur so groß ist, daß der Maurer mit einer Hand die Ziegellast meistern kann (Einhandstein), oder ob er hiezu beide Hände benötigt (Zweihandstein). Die Herstellung großer Formate stößt im allgemeinen auf Schwierigkeiten; es besteht hier die Gefahr, daß sich die Ziegel beim Brennen verziehen und die Bruchverluste groß werden. Für den Einhandstein kann wohl 10 kg als die oberste Gewichtsgrenze angesehen werden, es ist aber dann dafür zu sorgen, daß der Stein auch mit einer Hand angefaßt werden kann.

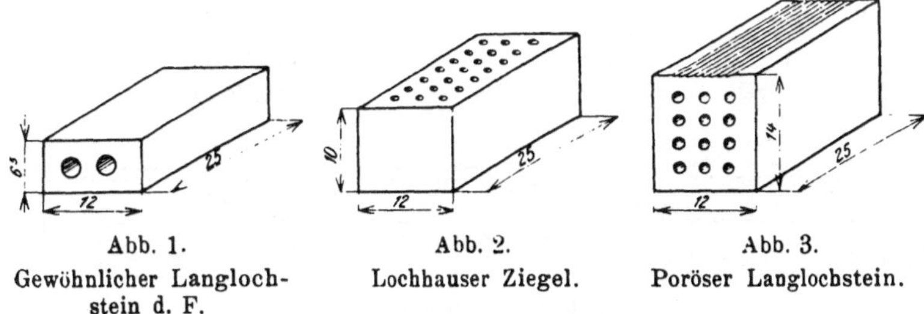

Abb. 1. Gewöhnlicher Langlochstein d. F.

Abb. 2. Lochhauser Ziegel.

Abb. 3. Poröser Langlochstein.

Im folgenden sollen die Verbesserungsbestrebungen für Ziegelsteine besprochen werden:

Zur Gewichtsersparnis werden die Ziegel des deutschen Formates mit Längslöchern versehen. Vorteile: günstiger Wärmeschutz. Um diesen zu erhöhen und das Gewicht weiter zu erniedrigen, werden diese Ziegel vielfach überdies noch porös hergestellt (Abb. 1).

Die erste Möglichkeit einer Vergrößerung der Steine besteht darin, daß man die Stärke der Ziegel erhöht; beim deutschen Reichs-Hochformat wird diese mit 10 cm gewählt. Zur Gewichtsersparnis werden in der Querrichtung kleine zylindrische Hohlräume gelassen. Abb. 2 zeigt die Form dieser Steine, wie sie als Lochhauser Steine in den Handel kommen; sie sind Querlochsteine. Dieses Format hat den Nachteil, daß es nicht mit dem deutschen Format zusammen verarbeitet werden kann. Diesem Mangel kann beim Vorhandensein geeigneten Materials leicht abgeholfen werden: Abb. 3 zeigt eine geeignete Form eines porösen Langlochsteines. Im Handel sind ferner verschiedene

Ziegel mit großen, durch den ganzen Ziegel gehenden Hohlräumen (so daß nur vier Seiten abgeschlossen sind). Die Abb. 4 bis 8 bringen Typen solcher Ziegel. Wie man daraus ersieht, sind sie teilweise dazu bestimmt, 25 cm starke Mauern zu schaffen, ein anderer ist wieder auf eine Mauerstärke von 28 cm eingestellt, Ziegel mit der Breite von 12 cm sollen für alle bisher üblichen Mauerstärken verwendet werden können; damit Binder- und Läuferziegel vorhanden sind, wird zum Teil die Anordnung der Hohlräume in den Ziegeln geändert. Wie man aus

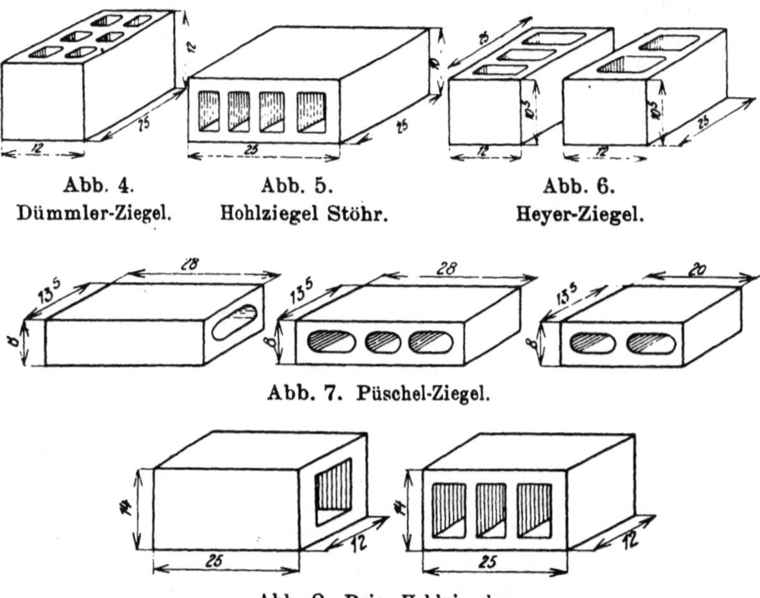

Abb. 4. Dümmler-Ziegel. Abb. 5. Hohlziegel Stöhr. Abb. 6. Heyer-Ziegel.

Abb. 7. Püschel-Ziegel.

Abb. 8. Brico-Hohlziegel.

den Ziegelstärken sieht, sind sie nicht immer in Übereinstimmung mit den Ziegelstärken des deutschen Formates oder mit einem Vielfachen desselben. In der Wahl der Größendimension der Ziegel besteht vielfach Willkür, wenn auch das Bestreben vorherrscht, Ziegel zu schaffen, die die Herstellung von Mauern in der bisher üblichen Weise gestatten. Wenn wir vom Standpunkt der sicheren und guten Arbeitsausführung ausgehen, müssen wir jenen Ziegeln den Vorzug geben, die eine sichere Ausführung der Stoßfugen gewährleisten. Dies wird im allgemeinen dann der Fall sein, wenn an die Stoßfugen Steine mit nicht zu großen Hohlräumen anschließen. Die Höhe aller dieser angeführten

Ziegel hält sich in Grenzen, die eine gute Ausführung der Stoßfugen bei sehr sorgfältiger Arbeit gewährleisten. Die Verminderung der Außenstärke auf 25 cm ist vorläufig noch nicht in einwandfreier Weise möglich, da der übliche Mörtel eine größere Wärmeleitfähigkeit hat als die Loch- und Hohlsteine. Er bildet Wärmebrücken. Es ist daher zur vollwertigen Ausbildung einer 25-cm-Mauer noch ein Mörtel notwendig, der die gleiche Wärmeleitfähigkeit aufweist wie das verwendete Ziegelmaterial. Ob ein Gasmörtel hiezu geeignet ist, muß durch Versuche geklärt werden.

Zu erwähnen wären hier die Neuerungen, die Architekt B. D. A. Feifel, Gmünd-Württemberg auf dem Gebiete des Ziegelsteines eingeführt hat. Er geht vom Grundsatze aus, statt der 38 cm starken Ziegelwände d. F. eine 25 cm starke, wärmetechnisch gleichwertige Mauer herzustellen. Er fordert daher mit Recht, daß 25 und 30 cm starke Mauern keine Durchbinder und keine durchgehenden Stoßfugen haben sollen. Für Mauerwerk über 25 cm sollen Zwischenstärken von 45 cm (statt der 51 cm starken Ziegelmauer d. F.) und 30 cm (als Ersatz von 38 cm Ziegelmauerwerk d. F.) geschaffen werden. Durch Verwendung von großformatigen Steinen soll an Arbeit und Mörtel gespart werden und dadurch eine Verbilligung und raschere Austrocknung des Baues erreicht werden. An Stelle der 25 cm starken Zwischenmauern sollen 18 cm starke treten. Bei Schaffung seiner Steine geht er von dem Grundmaß eines Einheitssteines von 5,5 × 12 × 25 cm aus; also nachfolgende Stärke ist gleich der zweifachen vorhergehenden vermehrt um die Fuge von 1 cm (Anlehnung an die Größenverhältnisse des alten österreichischen Ziegelsteines). Aus diesen entwickelt er großformatige Steine 12 × 12 × 25 cm (zweifacher Stein), 12 × 18 × 25 cm (rund 2,5facher Einheitsstein) und 12 × 25 × 25 cm (vierfacher Normalstein). Die großformatigen Ziegel werden porös und mit Hohlräumen hergestellt; an der Oberfläche erhalten sie eine runde Aushöhlung, damit der Maurer den Stein leicht angreifen kann. Die Abb. 9—17 zeigen Steinformen von Feifel, die Anwendung dieser verschiedenen Steine ist aus den Abb. 18—29 zu ersehen. Vom konstruktiven Standpunkt aus können die verschiedenen Steine als Fortschritt gewertet werden. Ihre Vielheit erschwert jedoch die Einführung in die Praxis und muß auch zur Verteuerung der Herstellungskosten führen, weil die Ziegelei fortwährend ihren Erzeugungsgegenstand ändern muß. Zweifellos gesund wäre der Gedanke, der vielfach zur Ausführung kommt, daß bei den 30 und 25 cm starken Wänden keine durchgehenden Lager- und Stoßfugen zur Anwendung kommen.

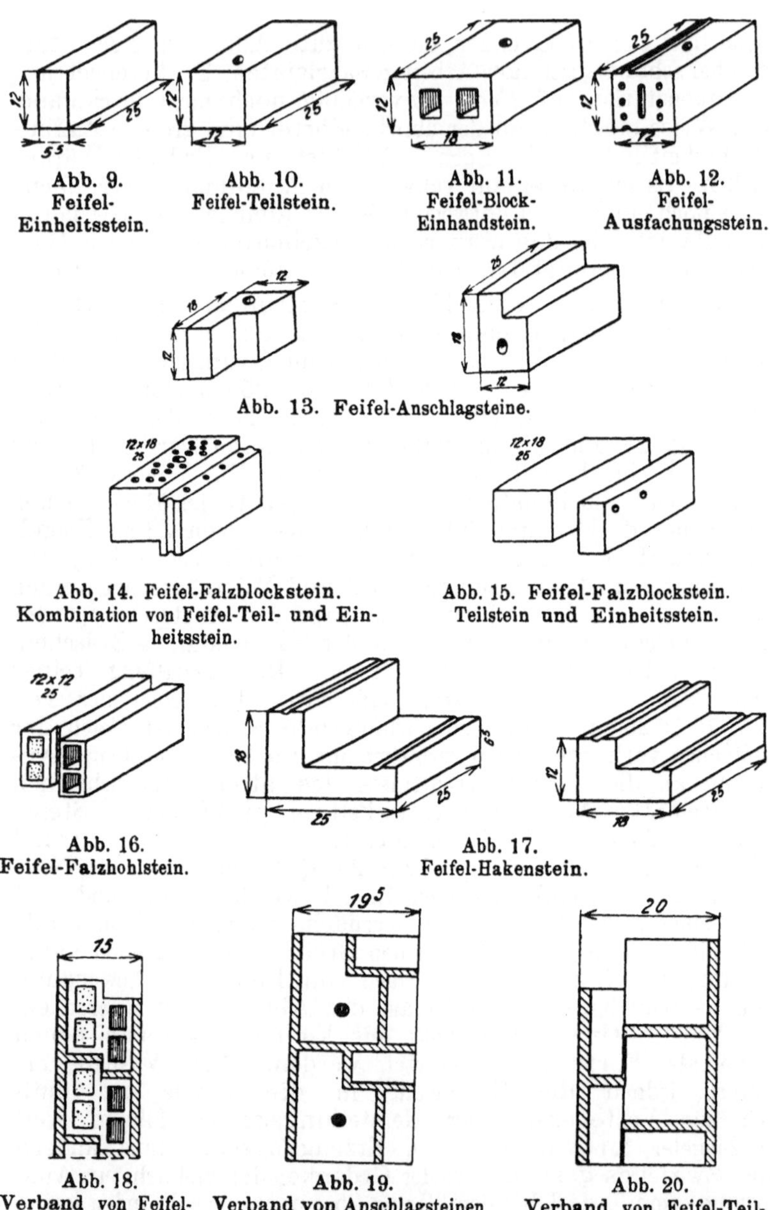

Abb. 9. Feifel-Einheitsstein.

Abb. 10. Feifel-Teilstein.

Abb. 11. Feifel-Block-Einhandstein.

Abb. 12. Feifel-Ausfachungsstein.

Abb. 13. Feifel-Anschlagsteine.

Abb. 14. Feifel-Falzblockstein. Kombination von Feifel-Teil- und Einheitsstein.

Abb. 15. Feifel-Falzblockstein. Teilstein und Einheitsstein.

Abb. 16. Feifel-Falzhohlstein.

Abb. 17. Feifel-Hakenstein.

Abb. 18. Verband von Feifel-Falzhohlsteinen.

Abb. 19. Verband von Anschlagsteinen und Einheitssteinen.

Abb. 20. Verband von Feifel-Teilsteinen und Einheitssteinen.

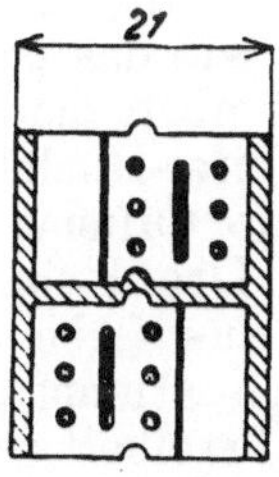

Abb. 21.
Verband von Feifel-Ausfachungs- und Einheitssteinen.

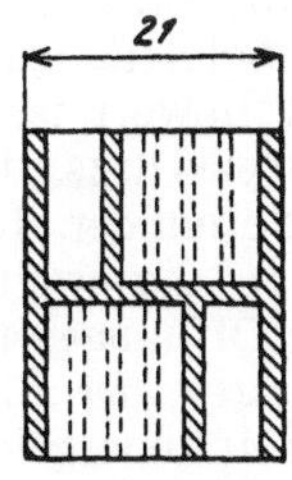

Abb. 22.
Verband von Feifel-Teilsteinen und Einheitssteinen.

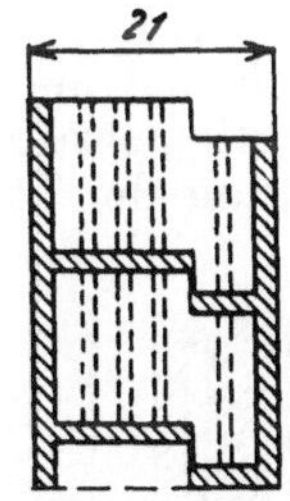

Abb. 23.
Verband von Feifel-Falzblocksteinen.

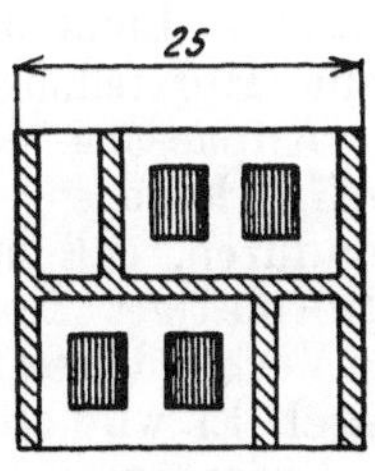

Abb. 24.
Verband von Feifel-Einhandsteinen und Einheitssteinen.

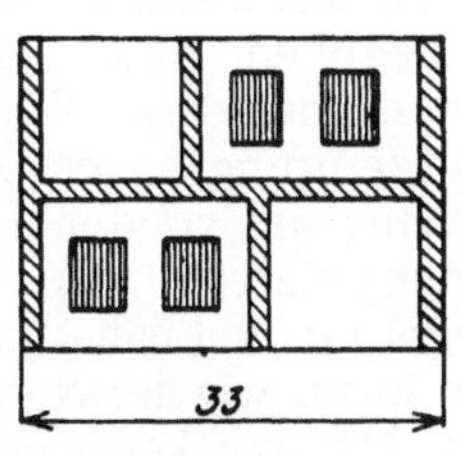

Abb. 25.
Verband von Feifel-Block-Einhandsteinen und Feifel-Teilsteinen.

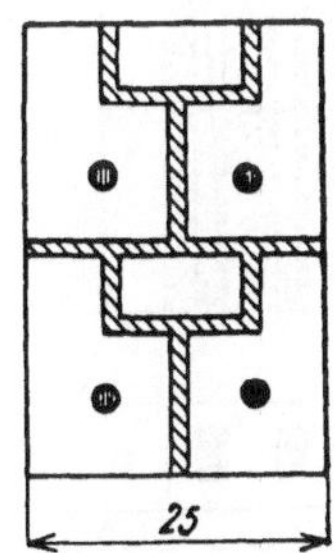

Abb. 26.
Verband von Feifel-Anschlagsteinen und Einheitssteinen.

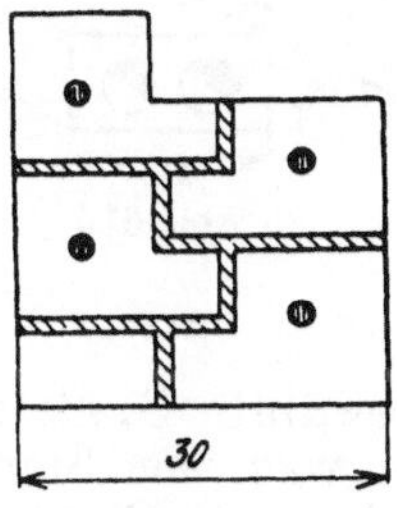

Abb. 27.
Verband von Feifel-Anschlagsteinen.

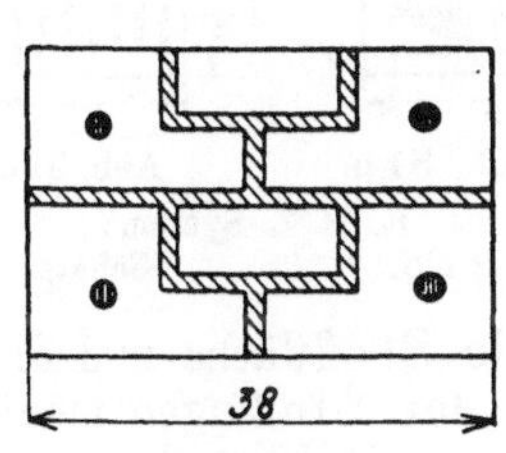

Abb. 28.
Verband von Feifel-Anschlagsteinen und Einheitssteinen.

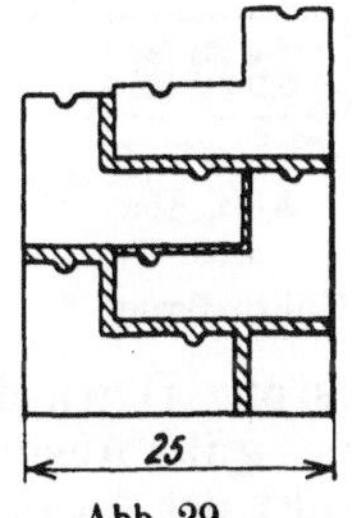

Abb. 29.
Verband von Feifel-Hakensteinen.

Dies wird so lange notwendig sein, als wir nicht einen Mörtel finden, der die gleiche Wärmeleitfähigkeit besitzt wie das poröse Hohlziegelmaterial. Beachtenswert ist bei Feifel noch die Herstellung der Tür- und Fensterstürze. Er stellt Feifel-Hohlblocksteine übereinander, führt in eine Öffnung das Zugeisen, in die zweite Öffnung Draht ein und gießt diese Öffnungen mit Beton aus (Abb. 30). Die Stoßfugen der Steine werden stumpf ohne Mörtel aufeinandergelegt. Ein Mörtelbett würde wesentlich zur Verbesserung der Konstruktion beitragen.

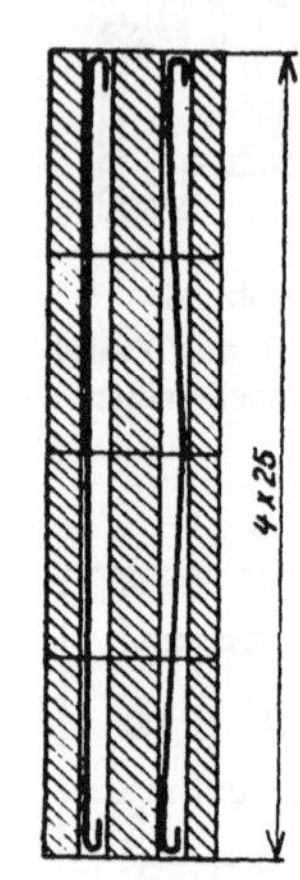

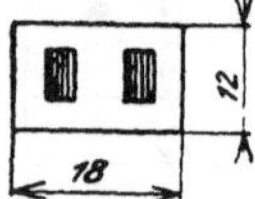

Abb. 30. Tür- und Fensterstürze mit Feifelblock.

Als ein wirklich allgemein anwendbarer Fortschritt ist der in Deutschland erfundene Einhandhohlziegel (E. H. Z.), ein fünfseitig geschlossener Hohlziegel von doppeltem deutschen Format, anzusehen. Die allgemeine Anwendbarkeit ist in erster Linie dadurch gegeben, daß verschiedene Herstellungsmethoden bestehen, die eine Anpassung der Ziegelerzeugung an die Rohstoffvorkommen ermöglichen; in zweiter Linie dadurch, daß der Einhandhohlziegel ein doppelformatiger Normalziegel ist und daher gleich im Verband gesetzt werden kann wie der Normalziegel. Es wird also an den Maurer keine erhöhte Anforderung infolge einer geänderten Arbeitsweise gestellt. Die Hohlräume münden in den Lagerfugen, so daß kein durchgehender Luftraum entsteht Dadurch ist eine gute Wärmeisolierung gewähr-

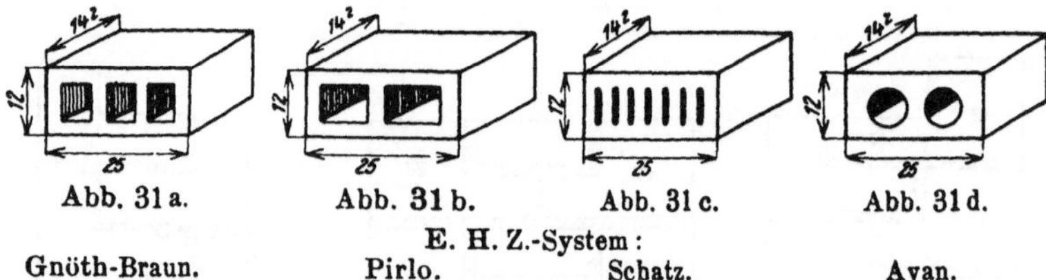

Abb. 31 a. **Abb. 31 b.** **Abb. 31 c.** **Abb. 31 d.**

E. H. Z.-System:

Gnöth-Braun. **Pirlo.** **Schatz.** **Avan.**

leistet. Durch die volle Stoßfläche und die gewählte Größe ist eine gute Ausführung der Stoßfugen möglich, was vom Standpunkt der Ausführung als ein Vorteil anzusprechen ist. Die Höhe der Steine beträgt 14,2 cm bei zweifachen Steinen, es ist also mit der üblichen Stärke von 1,2 cm für die Lagerfuge gerechnet; die Höhe des $1^1/_2$fachen Steines beträgt 10,4 cm. Abb. 31 zeigt die vier üblichen Formen dieses E. H. Z.-Steines. Die in den Ziegeln vorhandenen kleinen Hohlräume erhöhen den Wärmeisolationswert dieser Steine gegenüber den Normalsteinen. Die Größe vermindert den Mörtel- und damit den Wasserbedarf.

Vom Laboratorium für technische Physik der technischen Hochschule München liegt ein Gutachten vor, wonach die Wärmedurchlässigkeit einer 1 Stein starken E. H. Z.-Mauer mit je 1,5 cm Putz auf beiden Seiten, also 28 cm stark im Ganzen, einer 38 cm starken Ziegelmauer gleichwertig sei; durch Erhöhung des Putzes auf je 2,5 cm kann die Wärmedurchlässigkeit einer 40 cm starken Vollziegelmauer erreicht werden. Aus dem mir vorliegenden Gutachten geht leider nicht hervor, um welches System es sich handelt, ich vermute, daß es für das System Gnöth-Braun errechnet wurde. Für E. H. Z.-Steine, System Avan, entspricht nach dem Prüfungsergebnis der gleichen Stelle der Wärmeschutzwert einer

Avanwand, 25 cm stark, jenem eines 32-cm-Vollziegelmauerwerkes
„ 38 „ „ „ „ 51 „ „
„ 51 „ „ „ „ 68 „ „

Da bei den verschiedenen Systemen die Hohlräume verschieden sind und je nach dem Material wegen der verschiedenen Stegstärken auch die Größe der Hohlräume schwankt, so darf das oben errechnete Ergebnis nicht verallgemeinert werden. Ein abschließendes Urteil können nur Versuche an fertigen Bauwerken bringen. Über die Festigkeit von E. H. Z.-Mauerwerk mit Avansteinen liegen Versuche des bautechnischen Laboratoriums der Technischen Hochschule München und der Lehrkanzel für Eisenbetonbau und Statik der Wiener Technischen Hochschule (Vorstand Hofrat Dr. Ing. R. Saliger) vor. In München wurden Mauerpfeiler von 25 × 25 cm, 4 Stein hoch, also rund 60 cm, geprüft, die Steine wurden mit Portlandzementmörtel 1:3 und mit Kalkmörtel 1:3 verlegt. Die verwendeten Mörtelsorten hatten nach 28 Tagen folgende Druckfestigkeit: Zementmörtel (im Mittel) 296 kg/cm^2, Kalkmörtel 2,1 kg/cm^2. Die Festigkeitsprüfung im Mauerwerkkörper ergab 28 Tage nach der Herstellung bei je 3 Versuchen (im Mittel):

für Pfeiler in Zementmörtel erster Riß bei einer Belastung von 41 kg/cm^2, beim Bruch 104 kg/cm^2,

für die Pfeiler in Kalkmörtel: erster Riß bei 13 kg/cm^2 und Bruch bei 48 kg/cm^2.

Von besonderem Interesse ist die Schlußfeststellung des Gutachtens: „Die Druckfestigkeit der Mauerwerkskörper, deren Höhe etwa das 2,4fache der Kantenlänge der Grundfläche beträgt, war sonach bei den Pfeilern in Zementmörtel im Mittel das 0,65fache, bei den Pfeilern in Kalkmörtel das 0,30fache der Druckfestigkeit der Steine. Diese Werte liegen in den Grenzen, die auch bei anderen Versuchen mit Mauerwerkskörpern unter ähnlichen Verhältnissen gefunden wurden.“ Bei den Versuchen in Wien wurden $^1/_2$ Stein und 1 Stein starke Wände hergestellt. Die ersteren hatten eine Länge von 2 Steinen mehr Stoßfugen, die Höhe der Vollziegelwände war 8 Scharen Vollziegel und — zum Vergleich — 4 Scharen Avan E. H. Z.-Steine. Die letzteren hatten ebenfalls eine Länge von 2 Steinen, während die Höhe aus 12 Scharen Vollziegeln bzw. 6 Scharen E. H. Z.-Steinen gebildet wurde. Die nachfolgenden Zahlentafeln IX und X bringen die ziffernmäßigen Ergebnisse dieser Versuche.

Aus diesen Ergebnissen kann man bereits schließen, daß die Verwendung der Avanziegel an Stelle der Ziegel d. F. im Hochbau zulässig ist. Vielleicht wird man noch zur Vorsicht in Häusern, die mehr als drei Geschoße haben, im untersten Geschoß schwache Fensterpfeiler in Ziegeln d. F. ausführen. Leider ist mir von den Wiener Versuchen nicht die Zusammensetzung der Mörtel und deren Festigkeit bekannt, so daß keine weiteren Schlüsse gezogen werden können. Da im Flachbau begreiflicherweise das Streben nach der 25 cm starken Außenwand vorhanden ist, so muß man bei den E. H. Z.-Steinen bedenken, daß die durchgehenden Stoßfugen, die durchgehenden Seitenwände und die Decken der E. H. Z.-Steine Wärmebrücken bilden. Es wird daher

IX. Festigkeitsuntersuchungen von Mauerwerk.

Mauerwerksfestigkeit in kg bezogen auf 1 cm² vollen Querschnitt.

Material		$^1/_2$ Stein		1 Stein	
Mörtel	Ziegel	Riß	Bruch	Riß	Bruch
Weißkalk	Normalziegel d. F.	19·7	33·6	13·2	30·7
	Avan	20·5	39·2	19·6	23·3
Kalkzement	Ziegel d. F.	28·7	42·9	16·5	35·0
	Avan	20·7	53·0	25·2	32·8
Zement	Ziegel d. F.	—	64·1	30·6	58·2
	Avan	31·2	58·0	29·0	44·5

X. Elastizitätsuntersuchungen von Mauerwerk.

Elastizitätszahlen (E) der Mauern in kg/cm².

Material		½ Stein	1 Stein
Mörtel	Ziegel		
Weißkalk	Ziegel d. F.	2500	1300
	Avan E. H. Z. ..	4000	1900
Kalkzement	Ziegel d. F.	6700	3900
	Avan E. H. Z. ..	9600	7200
Zement	Ziegel d. F.	18.800	22.000
	Avan E. H. Z. ..	17.500	23.500

zweckmäßig sein, außen noch eine stehende Ziegelschar anzuordnen, die man zweckmäßigerweise so anbringt, daß durchgehende Stoßfugen vermieden werden (siehe Abb. 32), oder man verwendet eine Isolierplatte.

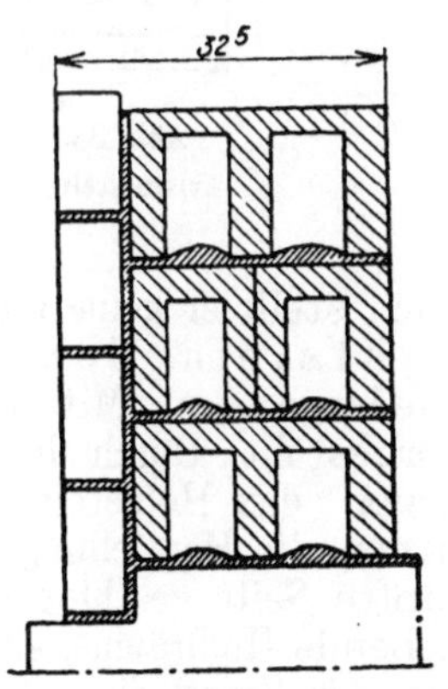

Abb. 32. Wand aus E. H. Z. und Ziegeln d. F.

Für die Standfestigkeit von Mauern mit E. H. Z.-Steinen ist der Umstand günstig, daß in den Hohlräumen der Mörtel pfropfenartig eindringt, wodurch die Scherfestigkeit der Wände in der Lagerfuge erhöht wird. Die Kostenverbilligung des Mauerwerkes mit E. H. Z.-Steinen wird durch das verringerte Gewicht beim Transport, Fördern und durch einfachere Maurerarbeit erzielt. Die Preiserstellung der Ziegel erfolgt meistens so, daß der Preis des zweifachen Ziegelsteines d. F. vermehrt um den Raum der einen Lagerfuge als Preisgrundlage für den E. H. Z.-Stein angenommen wird. Zusammenfassend kann gesagt werden, daß der E. H. Z.-Stein ein wirklicher Fortschritt auf dem Gebiete des Ziegelbaues ist und je nach der örtlichen Lage eine Kostenverbilligung von 5—15%

per m³ Mauerwerk bringen kann. Hoffentlich ist es möglich, durch Massenerzeugung dieser Steine später auch den Ziegelpreis zu ermäßigen, wodurch sich der wirtschaftliche Vorteil besonders stark auswirken könnte. Die Erzeugung der E. H. Z.-Steine wurde in Österreich bereits aufgenommen.

Von Mauersteinen größeren Formates ist der Aristosziegel zu erwähnen (Abb. 33), der eine Größe von 4 Ziegel d. F. aufweist. Der Vorteil dieses Steines besteht in seiner Größe und im geringen Mörtelverbrauch. Als Nachteil ist anzusehen, daß eine 25 cm starke Mauer durchgehende Stoßfugen hat, die nur bei sehr sorgfältiger Arbeit dicht mit Mörtel ausgefüllt sind. Die Ausbildung der Stoßfugen ist überhaupt schwierig, wenn die Stoßfläche große Öffnungen aufweist. Der Aristosziegel kann daher wohl als Fortschritt gewertet werden,

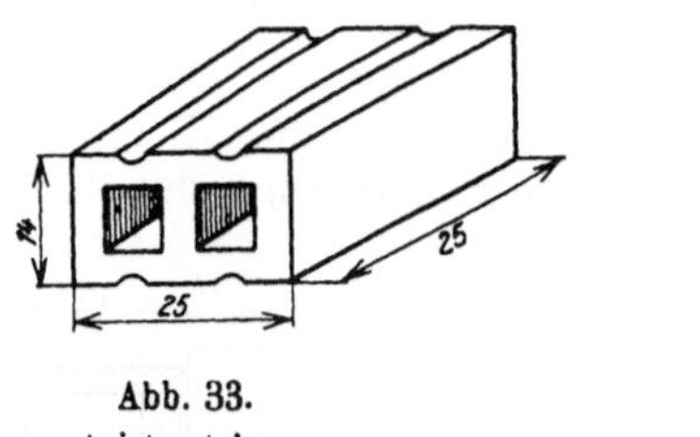

Abb. 33.
Aristosstein.

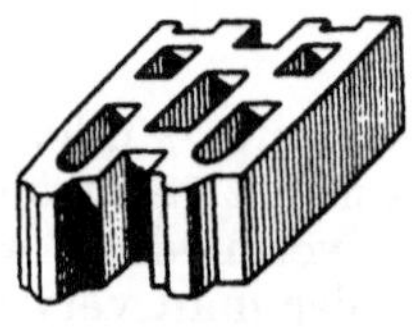

Abb. 34.
Fritzenstein.

doch stellt er keine ideale Lösung dar. In Abb. 34 ist ein Tonhohlstein der Tonwerke Fritzens (Tirol) wiedergegeben. Mit diesem werden Mauern von 30 cm Stärke hergestellt. Durch die Einstellung der Tiroler Landesregierung gegen das Hohlsteinmauerwerk veranlaßt, hat die Erzeugerfirma die Herstellung so abgeändert, daß nunmehr noch die fünfte Seite geschlossen ist. Wir haben also nicht mehr durchgehende Hohlräume, sondern im Mauerwerk geschlossene vor uns. Da der Ziegel die vierfache Größe des ö. F. aufweist, so ergibt sich ein geringer Mörtelverbrauch. Die Ziegelform ist statisch und wärmetechnisch günstig.

Es hat auch nicht an Versuchen gefehlt, große plattenförmige Tonsteine herzustellen. Natürlich hängt es vom Rohstoff ab, ob solche Versuche gelingen. Eine allgemeine Anwendung werden diese Steine daher nie finden können, sondern werden höchstens örtliche Bedeutung erlangen. Als Beispiel seien der Wettstein (Abb. 35) und der Weikert-Hohlziegel (Abb. 36) erwähnt. Die Verwendung dieser Ziegel erfolgt in erster Linie zur Herstellung von Hohlmauern. Hier sei neuerdings darauf verwiesen, daß solche Mauern nur dann von Wert sind, wenn die vertikalen Luftschichten nicht zu hoch sind und wenn der Gefahr der Schwitzwasserbildung in den Hohlräumen vorgebeugt wird.

Bei Überprüfung der neuen Ziegelsteine findet man, daß ein Teil von ihnen das Ziel verfolgt, durch Hohlräume im Ziegelstein, durch poröse Herstellung derselben oder durch Verbindungen beider Methoden den Wärmewiderstand zu vergrößern, ferner das Gewicht zu verkleinern und damit größere Formate zu ermöglichen. Es soll dadurch an Masse und Arbeitslohn gespart werden, um die Herstellung der Mauern im Vergleich zur normalen Ziegelsteinmauer verbilligen zu können. Vom arbeitstechnischen Standpunkt ist die Tatsache, daß die meisten Großformatsteine

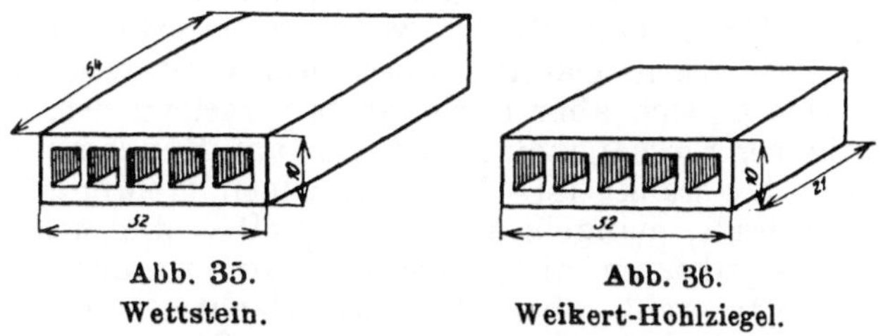

Abb. 35.
Wettstein.

Abb. 36.
Weikert-Hohlziegel.

eigene Ecksteine, Fensteranschlagsteine, Zwischenwandeinbindsteine benötigen, als Nachteil zu werten. Zu verzeichnen ist ferner oft der unangenehme Begleitumstand, daß viele Bausteine örtlich gebunden sind, da deren Herstellung ganz vom vorhandenen Rohstoff abhängt. Die Forderung, daß eine Neuerung allgemein verwertbar sein soll, wird in erster Linie vom E. H. Z.-Stein erreicht, dessen Anwendung daher die Möglichkeit zu einer allgemeinen Verbilligung des Bauens von Ziegelmauern gibt. Aristos wird für einzelne Fälle gute Dienste leisten können, doch kann dieser Stein nicht als allgemein verwendbar bezeichnet werden. Als konstruktiver Fortschritt sind jene Ziegelsteine anzusehen, die bei Herstellung von 25 cm starken Wänden durchgehende Lager- und Stoßfugen vermeiden. Bei dem Mangel an großen Bauzentren in Österreich werden daher nur jene Steine zu einer wirklichen Verbilligung des Bauens führen, die allgemein hergestellt werden können. Wir werden in Österreich nicht mit der Vielheit von Steinen rechnen können wie in Deutschland; wir dürfen nicht vergessen, daß unser Wirtschaftsgebiet klein ist und die wenigen Großstädte nicht die Voraussetzung für eine Vielheit von Steinen bieten. Was für unsere Verhältnisse an brauchbaren Steinen erfunden wurde, hat bisher schon den Weg nach Österreich gefunden und wird hier erzeugt. Vor einer zu großen Zahl von verschiedenen Steinen muß aus wirtschaftlichen Gründen gewarnt werden, da dadurch keine Verbilligung des Bauens erreicht werden kann, sondern eher nur einer Preisverbilligung entgegengewirkt wird.

Literaturhinweis: *3, 8, 9, 11, 14, 27, 28.*

2. Wände aus Beton.

Kiessandbeton ist für viele Bauzwecke ein ausgezeichneter Baustoff, doch für den Wohnungsbau ist er wegen seiner großen Wärmeleitfähigkeit nicht besonders geeignet. Zunächst hat man diesen Nachteil durch Hohlsteinwände zu beseitigen versucht, für die eine Vielheit von Formen erfunden wurde. Sie wurden fast alle in Österreich nach dem Weltkrieg zur Anwendung gebracht, sind aber heute nahezu verschwunden, so daß gegenwärtig der Kiessandbeton fast nur auf Fundamente und Kellermauern beschränkt ist. Nur in einzelnen Gebirgsgegenden wird er noch heute, mangels anderer Baustoffe, die wegen der großen Transportkosten nicht herbeigeschafft werden können, verwendet. Man weiß aber dort den Nachteil der großen Wärmeleitfähigkeit dadurch zu beseitigen, daß man die Wände innen vertäfelt. Will man Kiessandbeton für den Hochbau verwenden, dann muß man eine wärmeisolierende Schicht vor dem Beton aufbringen. Hiezu stehen uns als geeignete Baustoffe Heraklith, die Neusiedlerplatte u. ä. zur Verfügung. In Hamburg wird gegenwärtig die Siedlung Alsterkrug-Chaussee als Versuchssiedlung der Reichsforschungsgesellschaft für Wirtschaftlichkeit im Bau- und Wohnungswesen in Beton mit Isolierung durch Solomitplatten ausgeführt. Diese sind aus Stroh hergestellte Platten, ähnlich den österreichischen Neusiedlerplatten.

Um den Nachteil der großen Wärmeleitfähigkeit des Betons zu beseitigen, hat man den Kiessand durch andere, leichtere, also porösere Zuschläge ganz oder teilweise ersetzt; man erhält dadurch natürliche Leichtbetone. Als solche kommen in Frage: Asche und Schlacken, vulkanische Zuschläge (Bims und Lava) und organische Zuschläge.

Für Aschen- und Schlackenzuschläge kommen die Verbrennungsschlacke aus Dampfkesseln und Generatoren, ferner Braunkohlenasche und Kokslöschen in Betracht. Sollen sie für Betonzwecke verwendbar sein, dann dürfen sie keine schädlichen oder mürben Bestandteile, sowie keine unverbrannten Kohlenteile enthalten. Durch Verwendung ungeeigneter Schlacke erhält man einen mangelhaften Baustoff, dessen häufige Fehler geringe Druckfestigkeit, Verwitterung, Ausblühungen und Treiben sind. Diese Schäden werden hervorgerufen durch ungeeignetes Körnungsverhältnis oder durch die chemische Zusammensetzung. Besonders gefährlich ist der Sulfatgehalt. Soll die Schlacke zur Verwendung geeignet sein, dann darf sie keine mürben Bestandteile enthalten und muß einen Sulfatgehalt unter 1,5% haben. Wenn diese Voraussetzungen erfüllt sind, wird man mit Hilfe von Probewürfeln die Druckfestigkeit, die Wasseraufnahme, das Gewicht und die Treibneigung feststellen können. Eine Beobachtung auf längere Zeit ist nötig, damit die Veränderung der Festigkeit des Materials und ein allfälliges Treiben und Ausblühen rechtzeitig beobachtet werden kann. Will man also mit Schlacke einen sachgemäßen Beton erzeugen, so muß man ihrer Güte ein großes Augenmerk zuwenden. Es ist in österreichischen Baukreisen allgemein bekannt, daß man die Schlacke möglichst überwintern lassen soll, damit der schädliche Sulfatgehalt durch Auslaugen verringert wird. Will man bei Verwendung von Schlacke sicher gehen, dann wird man vor der Verwendung auf jeden Fall eine Aufbereitung durchführen müssen. Damit ist jedoch eine Verteuerung des Zuschlagstoffes verbunden. Da solche Anlagen nur bei Vorhandensein großer Mengen von Schlacke wirtschaftlich sind, so sind diese zunächst an das Vorhandensein von Schlacke in genügender Menge und an einen großen Baumarkt in der nächsten Umgebung gebunden. Dies kann nur bei Großstädten der Fall sein; somit scheidet eine weitgehende Verwendung von Schlacke beim Bauen in Österreich zur weiteren Erzeugung aus, weil wir bei den Großstädten leistungsfähige Ziegeleien besitzen und der Schlackenbeton dadurch wirtschaftlich nicht mehr in Wettbewerb treten kann. Außerdem fehlt bei uns vielfach eine geeignete Schlacke. Dieses Material verwenden wir für die Beschüttung der Holzdecken und wer im praktischen Baubetrieb steht, weiß, welche Schwierigkeiten es bereits macht, für diesen Zweck die nötige Menge geeigneter Schlacke rechtzeitig zu beschaffen. Die Verwendung von Schlacke im Bauwesen wird daher in Österreich nur eine untergeordnete Rolle spielen können, also in dem Ausmaß, als sie bereits jetzt Verwendung findet. Es sei hier darauf verwiesen, daß es z. B. gegenwärtig bereits in Vorarlberg — hervorgerufen durch die Elektrifizierung der Bundesbahnen — vielfach an der nötigen Schlacke zur Beschüttung der Decken mangelt. Das Mischungsverhältnis von Schlackenbeton muß sich nach der notwendigen Festigkeit richten. Bei der großen Verschiedenheit der Schlacke lassen sich allgemeine Angaben über den notwendigen Zementzusatz nicht machen. Vielfach wird man um die notwendige Festigkeit zu erzielen, teilweise Kiessand zusetzen müssen; man darf dabei aber nicht vergessen, daß hiedurch die Wärmeleitfähigkeit des Schlackenbetons erhöht wird und aus Gründen der Wärmeisolierung größere Mauerstärken gewählt werden müssen.

Ferner kommen Hochofenschlacken als Zuschläge in Betracht. Aus solchen stellt man durch Auflockerung einen leichten Zuschlagstoff her, dem man den Namen „künstlicher Bims" gegeben hat.

Als vulkanische Zuschläge kommen in Deutschland in erster Linie Bimssand und Bimskies zur Anwendung, ausgezeichnet durch ein Raumgewicht von 700 kg/m^3 und einen hohen Kieselsäuregehalt. Bimssand und -kies wird im Neuwieder Becken am Rhein gewonnen. Außerdem wird noch Lavakrotze mit einem Raumgewicht von 1200 kg/m^3 aus der Gegend des Laacher Sees in Deutschland verwendet. Da in Österreich vulkanische Zuschläge fehlen, so wird deren Verwendung wirtschaftlich nicht in Frage kommen. Als organische Zuschläge werden Sägespäne und Torf in Betracht zu ziehen sein, die allerdings, ehe sie mit dem Zementmörtel in Verbindung gebracht werden, mit Wasserglas oder Kalk behandelt werden müssen, damit ein schädliches Arbeiten verhindert wird. Torf muß außerdem entsäuert werden, soferne er nicht bereits säurefrei ist. Da in Österreich einzelne Gebirgsgegenden auf den Beton als Wandbaustoff angewiesen sind, so liegt gerade in der Verwendung von Sägespänen als Zuschlagsmaterial für den Beton eine Möglichkeit vor, ihn wärmetechnisch zu veredeln. In den fraglichen Gebieten ist dieses Material stets vorhanden. Es wäre im Interesse der österreichischen Volkswirtschaft daher sehr zu begrüßen, wenn durch Versuche über die Verwendung dieses Zuschlagstoffes Klarheit gewonnen würde.

Um den Kiessandbeton für den Hochbau verwenden zu können, hat man verschiedene Verfahren erfunden, die den Beton in seinem Gefüge auflockern. Man bezeichnet alle auf diese Art gewonnenen Baustoffe als künstliche Leichtbetone. Das einfachste Verfahren ergibt den sogenannten Porosit-Beton. Es wird hiebei ein Zementbeton 1 : 8 und ein Kalkmörtel 1 : 8 bis 1 : 6 hergestellt. Diese beiden werden dann zusammengemischt und eingestampft. Größere Anwendung fand das Verfahren u. a. in Stettin und soll sich gut bewährt haben. Die weiteren Verfahren beruhen darauf, daß im Zementsandgemisch künstlich Luftbläschen gebildet werden. Bei Zellenbeton wird in eine Mörtelmischung aus Zement, Sand und Wasser ein Schaum, der aus einer seifenartigen Flüssigkeit gewonnen wird, durch Druckluft eingepreßt. Dadurch entsteht eine gleichförmig lockere Mörtelmischung, die dann in Formen abgelassen wird. Für Wandbaustoffe wird der Zellenbeton mit einem Raumgewicht von 500 bis 1400 kg/m^3 hergestellt. Die Platten aus Zellenbeton können mittels einer Bandsäge zerschnitten werden.

Ferner werden Gasbetone hergestellt, in welchen die Porosität durch verschiedene, dem Mörtel zugesetzte Chemikalien erzeugt wird. Hiefür sind zwei Verfahren bekannt, die bereits vielfach angewendet wurden. Durch das eine wird der sogenannte Schimabeton erzeugt, dessen Erfinder Prof. Julius Mayer und Arch. Asmus sind. Zur Erzeugung der Luftbläschen dient eine Kalzium-Magnesium-Legierung, die von der I. G. Farben-Frankfurt a. M. aus Rückständen gewonnen wird. Diese bildet bei Wasserzusatz Gasbläschen, die den Beton durchsetzen und dessen poröses Gefüge bewirken. Je nach der Größe der zugesetzten Menge des Treibmittels wird sich das Raumgewicht des Schimabetons ändern.

Die zweite Art ist der sogenannte Aerokretgasbeton, der in Deutschland von der Torkret-Gesellschaft m. b. H. hergestellt wird. Als Treibmittel wird ein besonders zubereitetes Aluminiumpulver verwendet, das jedoch nur mit warmem Wasser wirksam ist. Das Herstellungsverfahren wird von der Erzeugerfirma geheimgehalten.

Da über Leichtbetone wohl einzelne Versuche vorliegen, zusammenhängende, systematische Versuche jedoch fehlen, hat die Reichsforschungsgesellschaft für Wirtschaftlichkeit im Bau- und Wohnungswesen (*11*) ein umfassendes Versuchsprogramm aufgestellt, nach welchem Druckfestigkeit, Dehnung und Schwindung, Wasseraufnahme und Wasserabgabe, Hygroskopizität, Wasserdurchlässigkeit, Rostgefahr, Frostbeständigkeit, Feuerbeständigkeit und Verhalten beim Löschen, Schraub- und Nagelbarkeit sowie Wärmedurchlässigkeit festgestellt werden soll.

Diese Betone können nun in der Praxis verschiedene Anwendung finden. Zum Bau von Wänden kann man das beim Betonbau vorherrschende System, Wände zwischen Schalungen herzustellen, verwenden. Diesem Verfahren haftet jedoch der technische Mangel an, daß durch Schwinden und Temperaturänderung sehr leicht Risse im Bauwerk entstehen. Sie sind an ausgeführten Bauten durchaus nicht selten anzutreffen. Verwendet werden hier hauptsächlich der Schimabeton, der Porositbeton und manchmal auch der Bims- und Schlackenbeton. Die Wirtschaftlichkeit dieser Arbeitsausführung hängt von der Größe des Arbeitsauftrages ab, da nur durch Mechanisierung und oftmalige Verwendung der Schalung der Beton billig hergestellt werden kann. Damit ist diese Anwendung auf große Baublöcke, welche streng typisiert sein müssen, beschränkt. Da es bei uns in Österreich an solchen großen Hochbauaufgaben fehlt, ist es begreiflich, daß sich diese Art der Verwendung von Beton bisher nicht eingebürgert hat. Der Kiessandbeton kommt bei uns hauptsächlich zur Herstellung der Fundamente und Kellermauern in Betracht; leider wird hiefür noch immer nicht das richtige Mischungsverhältnis von Zement zu Kiessand angewendet. Wenn der Baugrund gleichmäßig ist, so daß ungleichmäßige Setzung des Bauwerkes nicht zu befürchten ist, dann genügt ein Beton geringerer Festigkeit, da wir nicht vergessen dürfen, daß wir ja nur Bodenpressungen von 2—4 kg/cm^2 haben. Sind jedoch ungleichmäßige Setzungen zu erwarten, dann muß der Beton auch eine gewisse Zugfestigkeit haben und muß daher auch ein besseres Mischungsverhältnis sowie unter Umständen sogar Eisenbeton in Frage kommen. Beim Kellermauerwerk ist es üblich, die Stärke gegenüber dem Erdgeschoßmauerwerk um einen halben Stein zu verstärken. Dies ist bei Bauten, die nicht an Verkehrsstraßen, sondern an Wohnstraßen liegen, eine unnotwendige Verteuerung des Bauens. Wenn jedoch das Bauwerk an einer Verkehrsstraße errichtet wird, dann soll diese Verstärkung durchgeführt werden, damit sich durch die größeren Massen die Straßenerschütterungen nicht so leicht in das Haus fortpflanzen können. An den im Bauwerk hergestellten Betonwänden tritt vielfach die Erscheinung zutage, daß sich in erwärmten Räumen Risse an den Verbindungsstellen der Innenwände mit den Außenwänden bilden (*9*). Als Beispiele seien einige Betonmischungsverhältnisse angeführt: Bei einer Siedlung in Merseburg, Schimagasbeton 1 : 12, 400 g Treibmittel, welches mit Zement gemischt wird. Zuschlagstoff $^2/_3$ Kies, $^1/_9$ Sinthoporit (ein poröser, glasiger Baustoff der Bayrischen Stickstoffwerke) und $^2/_9$ Schlacke. Siedlung Bad Dürenberg: Schlackenbeton 1 T. Zement : 7 T. Schlacke : 7 T. Kies. Wie man aus diesen Beispielen ersieht, handelt es sich in der Praxis um magere Mischungsverhältnisse. Diese sind aber nur mit gutem Zuschlagbaustoff und bei geringem Wasserzusatz zulässig.

Viel umfangreicher ist die Verwendung der Leichtbetone zur Herstellung von Wänden mit Hilfe von Baublöcken, deren Größe den praktischen Zwecken angepaßt werden kann. Diese Größen hängen von der Forderung nach leichter Versetzbarkeit sowie von der Bruchgefahr ab. Es ist daher begreiflich, daß eine Vielheit von Bauformen besteht, angefangen von Steingrößen im doppelten deutschen Format bis zur Größe der vollen Wand eines ganzen Geschosses (Okzidentbauweise). Die Größe der Baublöcke geht also vom Einhandstein über den Zweihandstein zu Formaten, die nur mehr mit Hebezeugen wirtschaftlich versetzt werden können. Für Bimsbetonsteine werden vielfach fünfseitig geschlossene Hohlziegel verwendet; als Beispiel seien hiefür das System Hubalek (Abb. 37) mit den charakteristischen Stoßfugen und das System Remy (Abb. 38) angeführt.

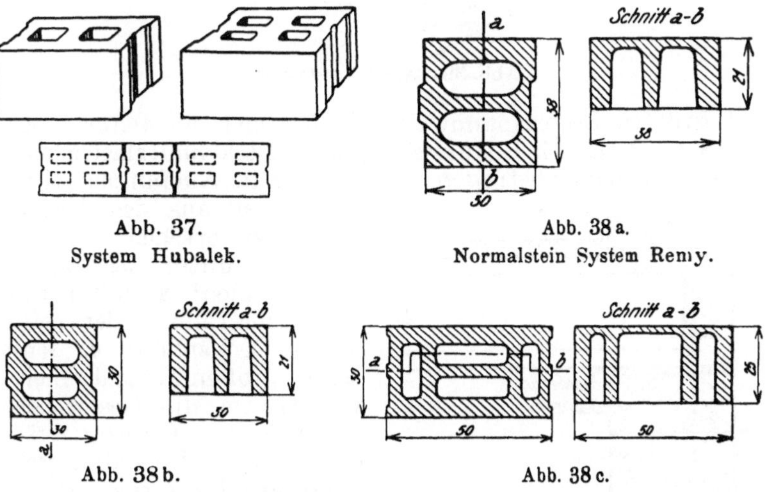

Abb. 37.
System Hubalek.

Abb. 38 a.
Normalstein System Remy.

Abb. 38 b.

Abb. 38 c.

Normalsteine System Remy.

Die Torkret G. m. b. H. verwendet für die Ausführung von Wänden grundsätzlich nur Blöcke, um die bei Herstellung in einem Guß bestehende Rißgefahr zu beseitigen; das Ausmaß der Blöcke beträgt 20 cm Tiefe, 33,3 cm Höhe und 60 cm Länge. In der Oberfläche des Steines ist eine Nute ausgespart, in die in jeder Schicht eine Rundeiseneinlage von 8—10 mm Durchmesser kommt. Die Steine werden mit verlängertem Zementmörtel vermauert, die Eiseneinlagen jedoch in reinem

Zementmörtel gebettet. In Berlin sind mit solchen Steinen Gebäude zulässig, die über dem Kellergeschoß höchstens zwei vollausgebaute Geschosse mit einer größten Geschoßhöhe von 3,5 m

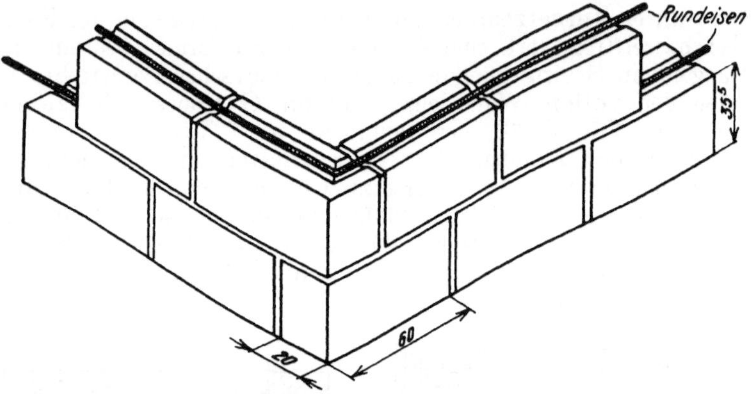

Abb. 39. Aerokretsteinwand.

und größten Deckenspannweite von 5 m und ein teilweise ausgebautes Dachgeschoß aufweisen, deren Deckennutzlasten nicht mehr als 200 kg/m² betragen. Näheres über die Ausführung solcher Bauten ist aus den Abb. 39 und 40 zu ersehen. Der Kiesbetonrost unter dem Deckenauflager dient auch zur richtigen Herstellung der geforderten Deckenhöhe, da sonst bei der großen Höhe der Steine von 33,3 cm die Geschoßhöhe nur in weiten Grenzen veränderlich wäre. Bei allen großformatigen Bausteinen ist dies wohl zu beachten. Bei großen Serienbauten wird unter Verwendung von Leichtbetonarten die Anpassung durch Einteilung der Steingröße, besonders wenn es sich um Platten handelt, verhältnismäßig leicht möglich sein. Dies ist zweifellos ein Vorteil gegenüber großplattigen Tonsteinen, die übrigens nur beim Vorhandensein von besonders geeignetem Rohmaterial hergestellt werden können. Daraus kann man ruhig schließen, daß die Leichtbetonarten die Voraussetzung

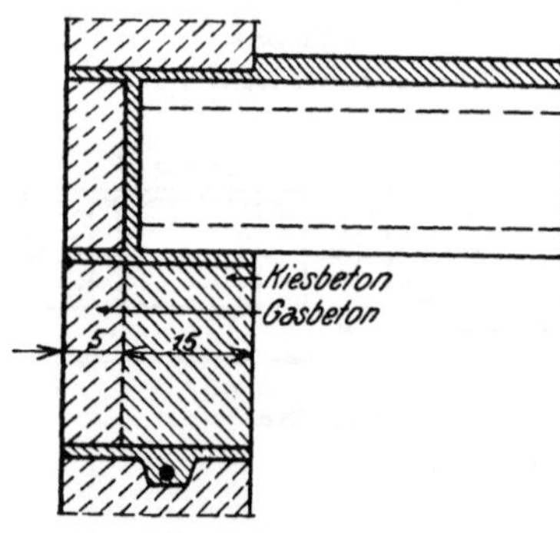

Abb. 40.
Aerokretsteinwand Deckenauflager.

für die Erbauung von Wänden mit großen Steineinheiten sind. Die Torkret-Gesellschaft stellt ihre Steine auf streng fabriksmäßiger Grundlage her, weil dadurch die größte Gewähr für die Güte des Materials gegeben ist. In Berlin wird zum Beton auch Bims zugesetzt. In Lübeck verwendet die Gesellschaft Hochofenschlacke als Zusatz, während sie in Holland mit reinem Sandzusatz arbeitet. Für hochwertige Isolierplatten verwendet sie Korkzusatz, bei größeren Steinen vielfach Hohlräume, die durch Tonziegel gebildet werden. Das Raumgewicht der Tragsteine beträgt 900—950 kg/m^3. Durch die fabriksmäßige Herstellung ist die Größe der Bausteine begrenzt, da sonst beim Transport durch Bruch zu große Materialverluste entstehen können. Die Herstellungsart bedingt wieder einen großen Umsatz, da sonst die Erzeugung der Steine zu teuer würde.

Bei der Versuchssiedlung in Dessau (*10*) sind Leichtbetone in größtem Ausmaße verwendet worden. Dort wurde eine zweigeschossige Siedlung mit dem konstruktiven Grundgedanken gebaut, daß die B r a n d m a u e r n t r a g e n d a u s g e b i l d e t w e r d e n, zwischen denen sich die Decken spannen, die auch die Zwischenwände zu tragen haben. Die Außenwände haben dann keine Traglast (außer Eigengewicht) und sind als Füllwände zu betrachten. Die Brandgiebel wurden aus Schlackenbetonhohlsteinen 23,5 × 25 × 52 cm groß hergestellt. Die nicht tragenden Außenwände wurden aus verschiedenem Material und in verschiedener Größe hergestellt: z. B. Schlackenbetonplatten 6 cm stark, mit Zellenbetonplatten 6 cm stark, zwischen beiden 1 cm Luft; Schlackenbetonplatten 6 cm stark, mit 6 cm starken Bimsbetonplatten, dazwischen 1 cm Luft; Zellenbetoneinheiten 15 cm stark, Gasbetoneinheiten (Aerokret) 15 cm stark; Platten aus granulierter Hochofenschlacke 20 cm stark; Plattengroßeinheiten aus granulierter Hochofenschlacke 12 cm stark; Bimsbetonhohlblöcke 20 cm stark; Bimsbetonplatten, 12 × 47 × 104 cm; Bimsbetongroßeinheiten 12 cm stark. Die Plattengröße wurde verschieden gewählt und ging bei den großen Einheiten bis zur vollen Wandfläche eines Geschosses. Diese wurden neben der Wand liegend hergestellt und dann aufgekappt. Die zuerst angegebene Art wurde bei 100, die zweite bei 132 Häusern angewendet. Aus diesen Zahlen ersieht man, daß die Verwendung bei Bauten erfolgte, deren Größe bei uns wohl nicht leicht erreicht werden wird. Wenn daher bei dieser Versuchssiedlung eine weitgehende Maschinenanwendung möglich war, die die Baukosten verbilligt hat, so sind die daraus zu schließenden Lehren für unsere österreichischen Verhältnisse doch nur bedingt zu verwerten. Der Einsatz an mechanischen Hilfsmitteln bei einem Bau muß immer im Zusammenhang mit den zu leistenden Bauaufgaben stehen, die Menge der zu fördernden und verarbeitenden Baustoffe und deren örtliche Verteilung sind die Grundlagen für eine wirtschaftliche Baustelleneinrichtung. Man darf daher in Österreich aus der vergleichsweise größeren Verwendung von Maschinen im deutschen Baubetriebe nicht auf eine Rückständigkeit unserer österreichischen Bauwirtschaft schließen. Unsere Bauaufgaben sind kleiner, daher ist ein großer Maschineneinsatz wirtschaftlich meist nicht gerechtfertigt. Hier sei noch erwähnt, daß man bei den Aerokretwänden zum Zusammenbau, um die Kältebrücken der Mörtelfugen zu vermeiden, Gasbetonmörtel verwendet hat. Zu diesem Zwecke erhalten die Gasbetonplatten Auskehlungen an ihren Stoßfugen, in welche der Mörtel eingebracht wird. Nach Aufbringung der nächsten Platte quillt er auf und dringt in die Poren des Materials ein. Die Mörtelfugen enthalten also dieselbe Struktur wie die Wände. Wie weit diese Annahme zutrifft, muß erst die Erfahrung lehren. Bei den Zellenbetonwänden haben sich teilweise zahlreiche unregelmäßige Risse gebildet, die als Schwindrisse angesprochen werden. Für den Putz auf Zellenbeton gibt der im nachfolgenden Literaturverzeichnis angeführte Bericht (*10*), Seite 32, folgende Arbeitsvorschrift: „Die zu putzenden Flächen müssen zunächst durch Abfegen bzw. durch Abbürsten gründlich von allem etwa anhaftenden Schmutz und Staub befreit werden. Sodann sind sie leicht anzufeuchten und dünn mit flüssigem Zementmörtel (am besten nicht unter 1 : 3) abzuspritzen. Der Zementmörtel-Spritzbewurf braucht nicht stärker zu sein, als er bei normalem Fassadenspritzputz auf Unterputz ausgeführt wird. Wenn dann dieser Spritzputz genügend angezogen hat, kann der sonst vorgesehene Wandputz aufgebracht werden. Wird der normale Wandputz zu früh aufgebracht, so besteht die Gefahr, daß beim Aufziehen dieses Putzes der Spritzbewurf aus Zementmörtel wieder abgerieben wird."

Der Gedanke, große Platteneinheiten zum Herstellen der Wände zu verwenden, ist sicher gesund, weil dadurch die Herstellungszeit für den Rohbau abgekürzt werden kann und damit die Zeit, während welcher der Bau besonders den Niederschlägen ausgesetzt ist, eine geringere wird gegenüber der normalen Ziegelbauweise. Ebenso ist der Gedanke, die Platten in einer Fabriksanlage zu erzeugen, ein beachtenswerter. Es kann daher vom technischen Standpunkt aus als natürlich bezeichnet werden, daß man derartige Versuche gemacht hat. Der größte ist wohl der von Stadtrat May in Frankfurt am Main (derzeit in Rußland). Hierüber berichtet Sonderheft 4 der Reichsforschungsgesellschaft für Wirtschaftlichkeit im Bau- und Wohnungswesen (7). Die Platte wurde hergestellt aus 1 Raumteil (R.-T.) Zement: 2 R.-T. Bimssand: 5 R.-T. Bimskies und hat eine normale Größe von 20 × 100 × 300 cm. Soweit notwendig (wegen Fenster, Türen usw.), werden auch kleinere Größen verwendet. Die Kellerwände sind 30 cm stark. Beim Neubau beläuft sich das Raumgewicht des Betons auf ungefähr 1100 kg, so daß eine normale Platte rund 726 kg wiegt. Die Druckfestigkeit der fertigen Platten beträgt nach 7 Tagen 45—50 kg/cm², nach 28 Tagen 65—76 kg/cm². Die Aufstellung erfolgt mit Hilfe von Turmdrehkranen. Die einzelnen Platten werden durch Verklammerung verbunden. Als Mörtel wurde Bimsbeton im Mischungsverhältnis 1:3 bis 1:5 verwendet, dem später auch noch ein Treibmittel zugesetzt wurde, um die Fugen dichter zu machen. Ein Zementsandmörtel ist wegen der ungünstigen Wärmeleitzahl bei dünnen Wänden ungeeignet. Die satte Ausfüllung der Stoßfugen und Lagerfugen ist bei dieser Großplattenbauweise vom statischen und wärmetechnischen Gesichtspunkt aus von größter Wichtigkeit. Es scheint, daß der oben angegebene Mörtel mit dem Treibmittel sich gut bewährt hat. In der Siedlung Praunheim wurden 204 Plattenhäuser (zweigeschossig) hergestellt. Vom konstruktiv technischen Standpunkt ist die Plattenbauweise durch diese Versuchssiedlung befriedigend gelöst. Vom wirtschaftlichen Standpunkt muß der Erfolg als zweifelhaft bezeichnet werden. Wie es sich mit der wärmetechnischen Eignung verhält, werden wir später noch sehen; im übrigen sei auf den angegebenen Bericht verwiesen. Da in Österreich ganz anders geartete Verhältnisse vorherrschen, wird dieser an und für sich interessante Versuch hier wohl keine Nachahmung finden können.

Zusammenfassend können wir sagen, daß in Deutschland die Betonbauweise zweifellos eine Rolle auf dem Baumarkte spielt. Bei uns wird dies nicht leicht der Fall sein, da uns die Zuschläge für natürliche Leichtbetone nahezu ganz fehlen. Künstliche Leichtbetone werden bei uns nur ein begrenztes Anwendungsgebiet finden bzw. nur begrenzt mit Nutzen verwendet werden können. Sicher hat ein Gasbeton, der auf der Baustelle erzeugt werden kann oder zumindest auf den Lagerplätzen auch der kleinen Baufirmen hergestellt wird, die größte Aussicht auf praktische Verwertung. Er wird überall dort mit dem Ziegelbau in Wettbewerb treten können, wo Kiessand auf der Baustelle gewonnen wird und besonders in den Gebirgsgegenden, wo die Verwendung von Ziegeln vielfach wegen der Transportkosten nicht in Frage kommt. Voraussetzung für die Verwendung im Großen ist aber eine einwandfreie Klärung aller Eigenschaften dieses Baustoffes, damit nicht durch Versuche bei den Bauten nutzlos Volksvermögen verschwendet wird. Bei aller Freude am Fortschritt und an Neuerungen darf der Ingenieur doch nicht vergessen, daß falsche und voreilige Anwendung der Baustoffe oft mehr Schaden als Nutzen bringt. Wir haben bei unserer Armut keinen Anlaß, unser Volksvermögen zu verschwenden.

Literaturhinweis: *3*, *7*, *8*, *9*, *10*, *11*, *14*.

B. Skelettwände.

Wenn wir einen alten Massivbau betrachten, so finden wir in jedem Stockwerk die Fensterpfeiler in voller Stärke durchgehend, während die Parapete unter den Fenstern nur in einer Stärke ausgeführt sind, die für den Wärmeschutz als notwendig betrachtet wurde. Wenn wir diesen Gedanken folgerichtig weiterführen, so kommen wir zum Schluß, beim Wandbau die Trägerfunktion vom Wärmeschutz zu trennen. Die praktische Ausführung dieses Schlusses ergibt den Skelettbau. Das Skelett übernimmt die statische Aufgabe, die Auskleidung der Wände, die raumschließende Funktion und den Wärme- sowie Schallschutz.

1. Holzskelett.

Der Holzskelettbau ist keine neue Erfindung, sondern hat in deutschen Landen bereits eine achtunggebietende Vergangenheit. Wenn wir hiebei dennoch von Fortschritt sprechen, so besonders deshalb, weil durch neue Ausfachungsbaustoffe diese Bauweise bei uns wieder eine Belebung erfährt und weil man durch Forschung auf dem Gebiete des Holzbaues Fehler von früher, seit Verlust der alten Handwerkskunst, zu vermeiden in der Lage ist. Die alten Fachwerkbauten haben ihr Holzskelett an den Außenseiten der Häuser frei in Erscheinung treten lassen. Die Forderung nach Feuerschutz hat dazu geführt, daß man die ganze Ansichtsfläche verputzt hat. Hiebei hat sich dann vielfach, auch wenn man sorgfältig Putzträger aufgebracht hat, gezeigt, daß zwischen Holz und Ausfachung Risse entstanden. Dies vermeidet Prof. Schmitthenner in Stuttgart bei seiner Fafa-Bauweise dadurch, daß er die Ausfachung vor dem Skelett vorstehen läßt und den Putzträger auf dieser und nicht auf dem Skelett befestigt. Der Wert der Holzskelettbauweise wird durch diese bauliche Maßnahme zweifellos gehoben; die Einführung dieser Neuerung ist als Fortschritt zu werten. Will man das Holzskelett nicht frei in Erscheinung treten lassen, dann ist es notwendig, das Holz zu imprägnieren, damit es durch Feuchtigkeitsaufnahme nicht frühzeitig zerstört wird. Als Ausfachungsbaustoffe kommen heute wohl nur Leichtbaustoffe in Frage; für unsere Verhältnisse also Schlackenbeton, Heraklith und die Neusiedlerplatte. Platten aus den beiden letzten Baustoffen werden vielfach auf beiden Seiten des Holzskelettes befestigt, so daß zwischen diesen eine Luftschicht als Zwischenraum bleibt. Da gegenwärtig die Frage der Schwitzwasserbildung nicht geklärt ist, so sollte man auf diese Ausführung verzichten und mit den Baustoffen eine Ausfachung vornehmen, die man zweckmäßig über das Holz vorstehen lassen wird, damit der Putzträger unabhängig vom Holzskelett aufgebracht werden kann. Wo Holzskelettwände als Innenwände verwendet werden, wie dies z. B. in Vorarlberg vielfach der Fall ist, wird man das Ausfachungsmaterial ohne Nachteil mit Luftzwischenräumen anbringen können. Nur dort, wo Räume mit großem Feuchtigkeitsgehalt abgeschlossen werden sollen, wie z. B. Küchen, wird man dies vermeiden. In jeder Wand geht in der Richtung des Wärmegefälles auch ein Transport von Feuchtigkeit vor sich. Wenn nun die an die Küche anschließenden Zwischenwände zu einem Raum führen, der wenig oder nicht geheizt wird, so wird von der Küche her ein Feuchtigkeitstransport nach diesem Raum stattfinden und die Gefahr der Schwitzwasserbildung gegeben sein. Es wäre im Interesse der Bauwirtschaft gelegen, wenn man alte, bestehende Objekte hinsichtlich der Schwitzwasserbildung in Lufthohlräumen und deren Einfluß auf die Baukonstruktion untersuchen würde, damit man beurteilen kann, wie weit die oben geäußerten Bedenken durch die Praxis bestätigt werden.

In Deutschland wurde ein dreigeschossiger Holzskelettbau auf der Siedlung der Messe in Leipzig ausgeführt. Die Säulen der Außenwände gehen als Ganzes durch die volle Höhe. Die Ausfachung erfolgte mit 12 cm lochporösen Steinen, die innen mit Heraklith oder Tektondielen verkleidet wurden. Wirtschaftlich ist diese Ausführung die billigste gegenüber den gleichzeitig ausgeführten Stahlskelett-, Betonskelett- und Ziegelbauten.

Die vorhin beschriebenen Holzskelettbauten sind noch typisch handwerksmäßig. Seitdem man aber erkannt hat, daß eine Massenanfertigung in der Fabrik wesentlich verbilligend wirken kann, besteht natürlich das Bestreben, diese wertvolle Eigenschaft des Fabriksbetriebes für das Bauen nutzbar zu machen. Als geeigneter Baustoff kann hiefür das Holz angesehen werden. Es haben daher verschiedene Firmen in Deutschland und Österreich Holzkonstruktionen ersonnen, bei welchen die Bauelemente Tafeln sind, die rasch auf der Baustelle aufgestellt werden können. Im Prinzip bestehen diese Konstruktionen in folgendem: Der Rahmen der Platten wird aus Kantholz gebildet, das die tragende Funktion zu übernehmen hat. Innen und außen wird nun die Wand aufgebracht. Außen kommt eine Verschalung, dann folgt eine Isolierpappe und eine Isolierungstafel aus Torf, Heraklith usw. Innen wird eine Isolierpappe aufgebracht, dann eine Schalung; hierauf kommt nun ein Putz oder irgend eine der modernen Holzplatten wie Enso oder Sperrholz, damit der Putz überflüssig wird. Zwischen den Rahmenschenkeln wird vielfach wieder eine Isolierpappe eingezogen, da hiedurch die Luftisolierung viel wirksamer gestaltet wird; andere Firmen füllen diese Zwischenräume z. B. mit einer Isoliermasse aus. Auch in Österreich bemüht sich die Klosterneuburger Wagenfabrik Gebrüder Schwarzhuber A. G., ihr unter dem Namen Kawafag-Holzhausbau bekanntes System weitest zu verbreiten. Es ist sicher kein Zweifel, daß ein solches Holzhaus, aus gesundem Holz hergestellt, allen Anforderungen an eine gesunde Wohnung entspricht und auch dauerhaft sein kann. Die Verwendung ist wegen der Feuersgefahr jedoch auf die offene Bauweise beschränkt. Damit sie sich aber durchsetzen kann, ist der Preis ausschlaggebend, der nun wieder stark abhängig ist von der Zahl hergestellter gleicher Typen. Von welchem Einfluß dies auf die Preisgestaltung ist, hat der Ausschuß H 3, Holzbau, der Deutschen Reichsforschungsgesellschaft für Wirtschaftlichkeit im Bau- und Wohnungswesen in seinem Tätigkeitsbericht (*11*) ermittelt. Durch Serienherstellung tritt gegenüber der Einzelherstellung folgende Ermäßigung ein:

bei	12 Stück	2,0%
„	24 „	6,4%
„	60 „	11,2%
„	120 „	16,7%

Wenn in diesem Bericht die näheren Umstände und Voraussetzungen für die Berechnung auch nicht angegeben sind, so ist es doch sicher, daß sich diese Ermäßigung wohl vermutlich nur auf die Fabriksarbeit beziehen wird. Fundamentherstellung und Innenausstattung wird — wenn auch nicht in dem obigen Gesamtausmaß — nur dann eine Preisverbilligung erfahren können, wenn die Häuser an einer zusammenhängenden Baustelle ausgeführt werden. Ist dies aber nicht der Fall, dann wird für die Arbeit wohl der höhere Einzelpreis in Betracht kommen. Die Voraussetzung für Massenanfertigung ist aber die Schaffung weniger Häusertypen, die den normalen Ansprüchen genügen. Es ist nun nicht einfach, diese Forderung bei unserer Bevölkerung durchzusetzen, da die Einzelwünsche zu sehr in den Vordergrund treten. Daß hiebei die örtliche Lage der Bauplätze eine Rolle spielt, darf man billigerweise nicht vergessen. Wenn durch Aufklärungsarbeit eine gewisse Vereinheitlichung der Wohnungsform bei der Bevölkerung erreicht wird, dann wird sicher auch bei uns das Holzhaus fabriksmäßig hergestellt werden können und zu größerer Bedeutung gelangen. Österreich bietet mit seinem Holzreichtum alle Voraussetzungen hiefür. Leider stehen der Verwendung der Holzhäuser auch die Siedlungsverhältnisse entgegen: Wenige große Städte und diese weit auseinanderliegend, so daß die großen Transportkosten den Arbeitsbereich einer Firma beschränken.

Es soll schon hier darauf verwiesen werden, daß man beim Vergleich der Baukosten der verschiedenen Bauweisen nicht vom umbauten Raum ausgehen darf. Bei jeder Bauweise beansprucht die Konstruktion einen verschieden großen Raum. Man sollte daher als Vergleichsbasis an Stelle des umbauten Raumes den Nutzraum nehmen.

2. Stahlskelett.

Der Stahlskelettbau hat seine Heimat in den Vereinigten Staaten von Nordamerika. Nach dem Krieg wurden zunächst in Deutschland und Österreich Versuche mit den sogenannten Stahlhautbauten gemacht. Das Traggerüst bestand aus Stahl und um dieses war eine isolierte Stahlhaut gespannt. Diese Konstruktionsweise hat man bereits bei uns verlassen, da sie sich praktisch nicht bewährt hat, trotz einer stark aufgezogenen Reklame. Die Stahlhaut als Wandabschluß ist aus gesundheitlichen Gründen nicht empfehlenswert. Zwar spielt die früher geforderte Atmung der Wände nicht die Rolle, wie man lange glaubte, weil die Lufterneuerung in erster Linie durch die Undichtheiten der Fenster und Türen erfolgt und nur im untergeordneten Maße durch die Wände. Ein Verzicht des Atmens durch die Wände wäre also vom wohnungshygienischen Standpunkt aus möglich. Seitdem man aber erkannt hat, daß durch die Wände ein Feuchtigkeitstransport in der Richtung des Wärmegefälles erfolgt, muß man Wände aus Stahlhaut ablehnen, da sie einen Feuchtigkeitstransport verhindern. Die neueren Stahlbauten sind daher reine Skelettbauten, bestehend aus Säulen, Unterzügen und Trägern, in die später die Wände und Decken eingebaut werden.

Als der Stahlskelettbau in Deutschland eingeführt wurde, fehlte noch jede Erfahrung über diese Neuerung. Um dieser Bauweise eine weitere Verbreitung zu sichern, mußte man vor allem Gütevorschriften (*11*) schaffen, welche die notwendigen Eigenschaften dieser Bauten eindeutig und klar umschreiben sollten. Als Vergleichsbasis mußte der massive Ziegelbau gewählt werden, da über diesen die größten Erfahrungen vorlagen und viele Eigenschaften eines Hauses, die für eine gesunde Wohnung nötig sind, noch nicht soweit durch klare Formeln umschrieben sind, daß man damit arbeiten könnte. Solche Gütevorschriften sind im Normblatt DIN 1030 zusammengestellt. Zu den bereits vom Massivbau her bekannten notwendigen Eigenschaften der Standsicherheit, des Witterungs- und Wärmeschutzes, der Feuersicherheit, des Blitzschutzes und der Schalldämpfung kommen hier noch besonders die Maßnahmen zum Schutz gegen Rostbildung und Feuchtigkeit. Für den Rostschutz besteht die Vorschrift, daß tragende und füllende Stahlbauteile durch Einbetten in Zementmörtel oder durch bewährte Rostschutzverfahren zu sichern sind. Um der Rostgefahr entgegenzuwirken, wird vielfach Stahl mit Kupferzusatz verwendet. Bei Verwendung von Zementmörtel als Rostschutz müssen jedoch die Stahlteile sorgfältig durch Stahlbürsten oder Sandstrahlgebläse von Rost, Öl und Schmutz gereinigt werden.

Damit der Stahlskelettbau im Wohnungsbau Verwendung finden könnte, müßte er wirtschaftlich werden. Man kam in Deutschland zur Ansicht, daß die baupolizeilichen Bestimmungen wohl für die üblichen Bauverfahren und großen Ingenieur-Hochbauten am Platze sind, daß sie jedoch für leichte Stahlskelett-Wohnbauten erleichtert werden können, ohne daß dadurch eine Gefährdung der Standsicherheit einzutreten brauche. Die bisher üblichen Vorschriften führen zu unwirtschaftlichen Konstruktionen. Die Reichsforschungsgesellschaft für Wirtschaftlichkeit im Bau- und Wohnungswesen hatte nun einen Ausschuß eingesetzt, der am 11. März 1929 einen Entwurf (*11*) einer ergänzenden Baupolizeiverordnung für die Standsicherheit von Stahlskelett-Wohnungsbauten bis zu 5 vollen Stockwerken aufgestellt hat.

Nach diesem sind als Deckennutzlast 200 kg/m² anzunehmen, wozu noch für Zwischenwände aus Leichtbaustoffen mindestens 75 kg/m² hinzukommen. Sonst gelten für die Wandlast und Zwischenwände die baupolizeilichen Bestimmungen. Für Treppen und Balkone sind 350 kg/m² Nutzlast anzunehmen. Für diese Lasten sind die Träger und Unterzüge zu rechnen.

Für die Berechnung der Stahlkonstruktion unter Zugrundelegung der Wandlasten gelten folgende Vorschriften: Die Ringträger in Wänden ohne Öffnung, welche die Wandstützen miteinander verbinden, sind nur für darauf entfallende Deckenlasten zu rechnen, da angenommen wird, daß die Wandlast durch die darunter liegende Wand auf das Fundament übertragen wird. Dabei sind 12 cm starke Ziegelwände oder statisch gleichwertige Wände vorausgesetzt. Das Wandgewicht soll dagegen zur größeren Sicherheit bei der Berechnung der Stützen mit berücksichtigt werden. Bei Wänden mit Öffnungen soll von Fall zu Fall entschieden werden, ob die Wandlast durch die Stahlkonstruktion aufgenommen werden muß.

Bei Berechnung der Stützen sind die Nutzlasten für die zwei obersten Geschosse voll einzusetzen. Von den folgenden Geschossen darf dagegen ein von Geschoß zu Geschoß um 25% wachsender Betrag abgezogen werden. Die Verminderung der gesamten auf der Stütze ruhenden Nutzlast darf aber 40% nicht überschreiten. Hinsichtlich der Berechnung der Stützen auf Knickung gelten die bisherigen Vorschriften.

Für den Bauzustand während der Ausführung (vor der endgültigen Ausfachung) ist die Knicksicherheit der Stützen nach beiden Achsen, mit der Geschoßhöhe als Netzlänge für das mit Schnee belastete Dach und für sämtliche Deckeneigenlasten (zuzüglich einer Nutzlast von 100 kg/m²) bei einer zulässigen Beanspruchung von 1600 kg/cm² nachzuweisen. Ansonsten darf die zulässige Eisenspannung 1400 kg/cm² betragen.

Eine wesentliche Erleichterung tritt hinsichtlich der Windbelastung ein. Eine Berechnung für diese Belastung wird für entbehrlich gehalten, wenn die Decken als Massivdecken ausgeführt sind und sie befähigt erscheinen, den Wind auf die Querwände zu übertragen. Wände aus 12 cm starkem Ziegelmauerwerk oder statisch gleichwertige Wände, die in angemessenen Abständen (etwa den zweifachen der Bautiefe) angeordnet sind, gelten für die vier obersten Geschosse als standfest, um den Winddruck auf das Fundament zu übertragen. Ansonsten sind geeignete Windverstrebungen anzuordnen. Die Verbindung zwischen den Stahlkonstruktionsteilen soll steif ausgeführt werden, damit das Bauwerk vor der Ausfachung standfest ist.

Die durch diesen Entwurf gegebenen Erleichterungen sind sehr weitgehend und verbilligen daher die Kosten der Eisenkonstruktion sehr stark. Die Wettbewerbsfähigkeit des Stahlskelettbaues wird dadurch erweitert. Wo diese Bestimmungen aber nicht zugelassen werden, wie z. B. in Hamburg, dort hat sich der Stahlskelettbau im Wohnungsbau als nicht wirtschaftlich erwiesen. Es kann hier nicht dazu Stellung genommen werden, ob diese Vorschriften nicht zu weitgehend sind, da erst die Erfahrung ein zuverlässiges Urteil ermöglichen wird. Das eine ist jedoch sicher, daß nur eine wirklich sachgemäße und zuverlässige Bauausführung die notwendige Sicherheit geben kann. Der hier einmal beschrittene Weg der weitgehenden Bauerleichterung macht natürlich Schule; es sind derzeit in Deutschland vielfach Bestrebungen im Gange, um diese Begünstigungen auch für den Betonskelettbau zu erlangen. Der vorsichtige Ingenieur, der den Baubetrieb kennt, wird nicht ohne Bedenken für eine weitere Beschreitung dieses Weges sein.

Ob ein Bau bei weitgehender Herabsetzung der statischen Anforderungen ohne Unfall vor sich geht, ist dann nur mehr eine Frage der Bauausführung. Wer nun weiß, wie oft Konjunktur und solide Bauarbeit in gewissem Zusammenhang stehen, der wird mit Recht Bedenken Raum geben müssen.

Wenn wir den Stahlskelettbau auf seine Vorteile prüfen, so kommen hiefür folgende Gesichtspunkte in Betracht: Die Herstellung des Skeletts erfolgt in der Vorbereitungsarbeit in der Fabrik, die Aufstellung ist rasch durchgeführt. Nach der Eindeckung kann die Einbringung der Decken und die Ausfachung unter Schutz gegen Regen vorgenommen werden, wodurch weniger Feuchtigkeit in das Bauwerk kommt. Die Ausfachung erfolgt rein handwerksmäßig, wenn man eine Auskleidung mit Steinen, die vorherrscht, in Betracht zieht. Die Herstellung der Decken ist im allgemeinen stärker an handwerksmäßige Arbeit gebunden als bei einem normalen Ziegelbau, da die Förderung durch Stützen und bereits angebrachte Decken behindert ist. Der Gedanke, die Fabriksarbeit dem Bau nutzbar zu machen, ist nur teilweise verwirklicht und wird vielfach sogar durch die Erschwernis in der Ausführung der Deckenherstellung aufgewogen. Eine Mechanisierung der Ausfachung und der Deckenherstellung ist möglich, wenn man die Wände voll betoniert und die Decken aus Beton herstellt. Man nimmt aber hiebei bei den Wänden die Gefahr der Risse in Kauf und das Einbringen großer Feuchtigkeitsmengen in den Bau. Es zeigt sich auch hier wieder, daß der Gedanke der Auswertung des Fabriksbetriebes für den Hochbau nicht so einfach zu erreichen ist. Als Vorteil kommt die Gewichtsersparnis in Betracht, so daß bei ungünstigen Gründungsverhältnissen dadurch eine Verbilligung des Bauwerkes erreicht werden kann, auch dann, wenn der Hochbau selbst an und für sich betrachtet nicht billig ist. Der geringe Raumbedarf der Konstruktion kann die Verwendung des Stahlskelettbaues im Innern von Städten bei hohen Grundpreisen auch dann wirtschaftlich erscheinen lassen, wenn das Bauwerk einer anderen Bauweise gegenüber teurer wird. Die Wirtschaftlichkeit ist dann durch die größere Grundausnützung gegeben.

Die Ausfachung der Wände bietet keine Schwierigkeiten. Will man den Vorteil des Skelettbaues ausnützen, so wird man zur Herstellung Wandbaustoffe mit geringer Wärme-

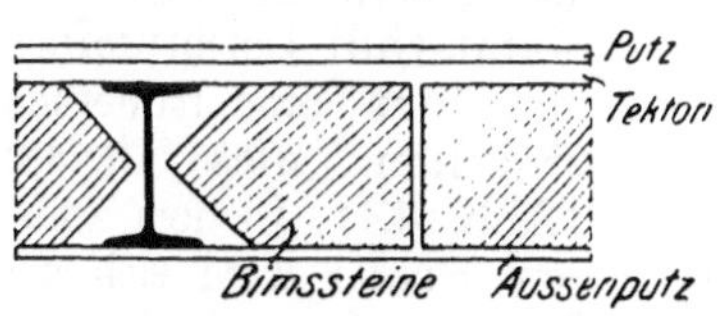

Abb. 41.
Stahlskelett-Ausfachung.
(Haus Mies van der Rohe, Weissenhof.)

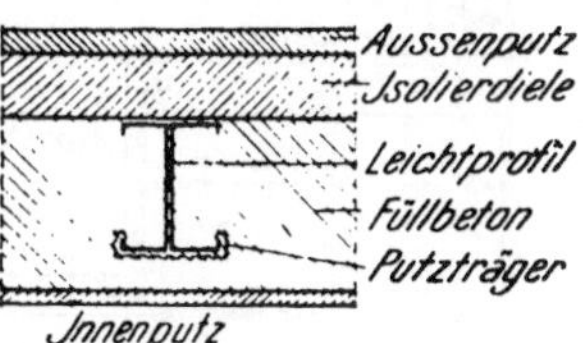

Abb. 42.
Stahlskelett-Ausfachung.
(Siedlung Heeren Werwe.)

leitfähigkeit verwenden. Hiefür kommen poröse und lochporöse Ziegelsteine sowie Leichtbeton in Betracht. Durchgehende Stoß- und Lagerfugen sollen möglichst vermieden werden. Es gibt viele Konstruktionen, die diesen Grundsatz verwirklichen. Andererseits sucht man durch Verwendung von Gasmörtel den Wärmewiderstand der Fugen dem der Mauersteine gleichwertig zu machen und durch das Aufquellen des Mörtels einen dichten Verschluß der Fugen zu erzielen. Ein kritischer Punkt ist die Ausbildung der Säulenummantelung. Hier ist zunächst zu vermeiden, daß diese bei den Außenwänden eine Wärmebrücke bilden, ferner soll ein Arbeiten der Säulen durch Temperaturschwankungen vermieden werden, damit nicht Risse im Füllmauerwerk neben den Stahlsäulen entstehen. Abb. 41 zeigt die Ausbildung der Außenwände beim Haus Mies van der Rohe auf der Weißenhofsiedlung in Stuttgart (*9*). Das Haus zeigt im Putz deutlich die Säulen; die neben diesen Säulen aufgetretenen zahlreichen Risse sind ein Beweis, daß die Säulen arbeiten. In Abb. 42 ist die Außenwandausbildung der Siedlung Herren-Werwe (*4*) abgebildet. Hier wird die Isolierdiele an die Außenseite der Wand gelegt. Dies ist konstruktiv ein Vorteil. Die größeren Temperaturschwankungen treten an der Außenseite der Wand auf, während diese im Innern des Raumes nicht so groß sind. Will man daher ein schädliches Arbeiten der Säulen vermeiden, so hat man sich durch diese Konstruktion dagegen geschützt. Das System Müller (*4*) bildet die Eisensäule aus zwei Mannstädt-Leichtprofilen und legt eine Isolierung zwischen diese beiden (Abb. 43). In dem äußeren Profil wird sich der Temperaturwechsel stärker bemerkbar machen als im inneren. Es muß dadurch zu ungleichmäßigen Dehnungen kommen, was für die Konstruktion nicht von Vorteil sein kann. Von Interesse ist auch die Ausbildung der Isolierung bei System Spiegel (*4*), der durch einen Isolierfilz das Leichtprofil der Stützen vor zu großen Temperaturänderungen schützt (Abb. 44). Max Müller-Essen hat für den Stahlskelettbau mit Leichtprofilen die Umkleidung der Säulen mit besonderen Formsteinen durchgeführt (Abb. 45).

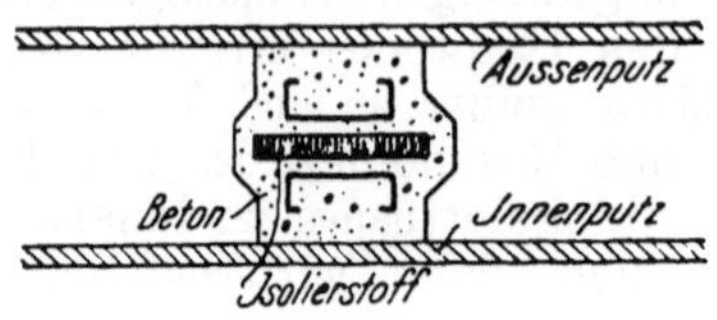

Abb. 43.
Stahlskelettwand: System Müller.

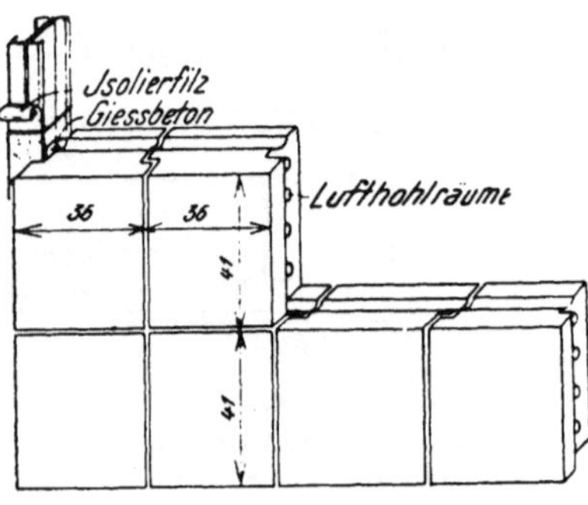

Abb. 44.
Stahlskelettwand: System Spiegel.

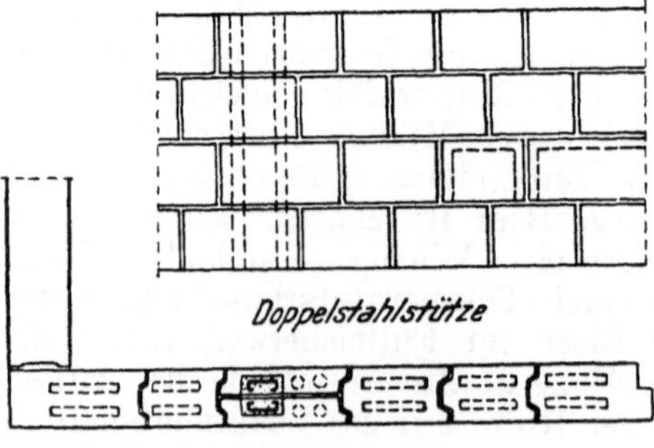

Abb. 45.
Stahlskelettwand: System Müller für Leichtprofile.

Abb. 46 zeigt einen Vorschlag für Stahlskelettwände von der Firma Wayss & Freytag (4), der besonderes Interesse wegen der Steinformen verdient, da er durchgehende Fugen vermeidet und die Hohlräume abschließt, so daß gute Isolierungswirkung gesichert wird. Besonders sorgfältig ausgebildet ist die Umkleidung der Stützen bei der Bauweise der Torkret-Gesellschaft (4) in Berlin. Diese werden außen und innen von speziellen Steinen aus Aerokret mit eingearbeitetem, imprägniertem Kork vor den Bewegungen durch Temperaturänderungen geschützt (Abb. 47). Die Ausfachung selbst erfolgt mit Aerokretplatten von 16 cm Stärke, deren Ausbildung wir bereits früher besprochen haben. Nur wird hier Aerokretmörtel für die Fugen verwendet, wodurch die Wände wärmetechnisch gewinnen.

Im Vorstehenden sind einige Wandkonstruktionen für Stahl-

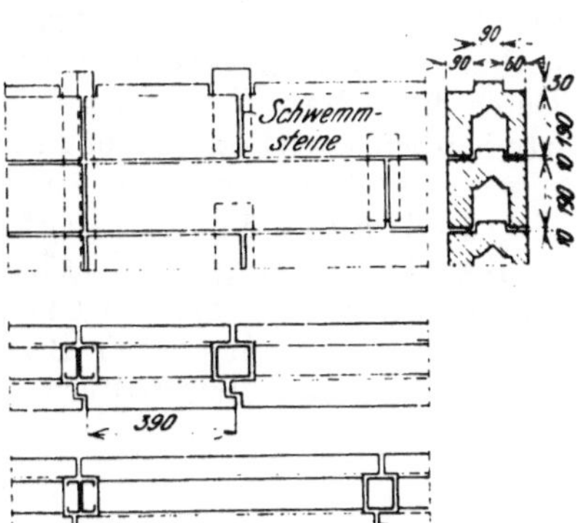

Abb. 46.
Stahlskelettwand: System Wayss & Freytag.

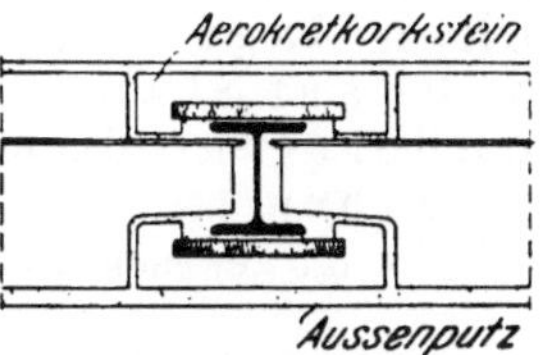

Abb. 47.
Stahlskelettwand: Torkret-Auskleidung.

skelettbauten kurz besprochen worden. Die im Verlaufe der Zeit gesammelten Erfahrungen werden es erweisen, ob die Stützen wirklich des starken Schutzes bedürfen, den man heute für nötig hält, um schädliche Temperaturbewegungen der Stahlsäulen zu vermeiden. Um die Stahlkonstruktion wirtschaftlich zu gestalten, verwendet man im Wohnungsbau sehr schwache Profile, wofür Profile aus Stahlblech gepreßt werden. Daß diese besonders gegen Rost geschützt werden müssen, bedarf wohl keiner besonderen Erwähnung. Zur Ausfachung braucht man Leichtbaustoffe. Böhler verwendet zur Verkleidung seines Stahlgerüstes innen und außen Heraklith und läßt einen Luftzwischenraum. Die Wandkonstruktion ist hier wohl auf denkbar einfachste Weise gelöst. Auf den Rostschutz der in den Luftzwischenräumen liegenden Stahlkonstruktionsteile muß hier aber besonders gesehen werden, da in den Luftzwischenräumen die Gefahr von Kondenswasserbildung gegeben ist. Wenn man sich in Österreich zum Stahlskelettbau zurückhaltend eingestellt hat, so dürfte dies nach dem Vorgesagten verständlich geworden sein. Zunächst haben wir einen viel höheren Eisenpreis als in Deutschland, so daß sich schon dadurch allein der Stahlskelettbau wirtschaftlich in einer schweren Lage gegenüber der Ziegelbauweise befindet. Da in Österreich außerdem der nötige große Markt fehlt, so kann mit den Leichtprofilen nicht in der großen Menge gerechnet werden, wie sie zum Stahlskelett-Wohnungsbau nötig ist. Ferner fehlen in Österreich bisher nahezu sämtliche zur Ausfachung nötigen Baustoffe. Bauaufgaben, wo der Stahlskelettbau mit den bisherigen Bauweisen auch wirtschaftlich in Wettbewerb treten konnte, hatten wir nicht zu lösen. Den Hochhausbau, bei dem in Deutschland mit viel Erfolg der Stahlskelettbau verwendet wird, gibt es bisher bei uns nicht. Durch die hohen Eisenpreise wird der Eisenbetonbau viel mehr wirtschaftlich wettbewerbsfähig sein als der Stahlskelettbau. Es war daher nicht technische Rückständigkeit, daß die österreichischen Ingenieure bei Bauführungen bisher nicht auf Stahlskelettbauten gekommen sind, sondern nur das Fehlen entsprechender Bauaufgaben, bei welchen der Stahlskelettbau wirtschaftlich gerechtfertigt gewesen wäre.

3. Eisenbetonskelett.

Diese Bauweise ist bereits erprobt. Die Eisenbetonkonstruktion wird auf der Baustelle in Schalung hergestellt. Durch die Leichtbaustoffe ist die Ausbildung der Wände erleichtert, doch ist auch hier der Anschluß an die Stützen sorgfältig auszubilden und darauf zu achten, daß die Eisenbetonsäulen und Außenwandträger keine Wärmebrücken bilden. Die Entwicklung scheint nach der Richtung zu gehen, daß man in der Zementwarenfabrik Stützen und Träger herstellt und sie auf dem Bauplatz zusammenstellt. Bei größeren, vollständig typisierten Aufträgen dürfte sich diese Art der Bauausführung als wirtschaftlich erweisen. Der Regelfall wird aber die bisherige Bauausführung bleiben. Durch die Verwendung der frühhochfesten Zemente ist man in der Lage, die Arbeitszeit wesentlich abzukürzen. In Deutschland versucht man derzeit diese Bauweise auch für Wohnungsbauten. Für österreichische Verhältnisse dürfte die Anwendung des Eisenbetonskelettbaues im allgemeinen wohl erst von 5 Geschossen an wirtschaftlich werden und besonders dann, wenn große und schwer belastete Räume zu schaffen sind.

Allgemein hat der Skelettbau den Vorzug eines klaren statischen Aufbaues, ferner gibt er die Möglichkeit, die Raumeinteilung im Innern des Gebäudes den jeweiligen Verhältnissen anpassen zu können. Durch den klaren Aufbau wird sich diese Bauweise bei Erschütterung (großem Straßenverkehr und Erdbeben) bestens bewähren, aber auch nur dann, wenn für die Berechnung keine erleichterten Bestimmungen gelten.

Literaturhinweis: *4, 6, 8, 9, 11, 14, 27.*

C. Kaminausbildung.

Die Ausbildung der Rauchzüge erfolgt im normalen Ziegelbau durch Aussparen der Öffnungen in der Mittelmauer. Bei vier- und fünfgeschossigen Wohnhäusern ergeben sich bei kleinen Zimmerbreiten bereits Schwierigkeiten in der Führung der Rauchzüge. Überdies ist damit verbunden noch der Nachteil, daß spätere Durchbrüche in der Mittelmauer nicht mehr möglich sind und daß man, um Nutzraum zu gewinnen, Aussparungen in den Mittelmauern nicht mehr anordnen kann. Soferne nicht Formsteine verwendet werden, was wohl in der Praxis kaum geschieht, ergeben die so hergestellten Rauchzüge einen großen Zugwiderstand, der sich bei der Heizung ungünstig bemerkbar macht. In Österreich war bei Verwendung des alten Ziegelformates die Öffnung immerhin so groß, daß unliebsame Zugstörungen nur selten aufgetreten sind. Seit dem Übergang zum deutschen Ziegelformat sind solche bei Neubauten häufig zu beobachten. In Deutschland hat man daher schon seit längerer Zeit besondere Kamine konstruiert, von welchen die Schoferkamine die bekanntesten sind. Dünnwandige Kamine oder Kamingruppen sind von Luftzellen, die ebenfalls dünnwandig abgeschlossen sind, umgeben. Die Wände sind aus eisenbewehrtem Ziegelschotterbeton hergestellt. Die Kamine werden in Teilstücken von 68 cm geliefert, so daß die Zahl der Stoßfugen verringert ist. Durch diesen Umstand und durch sorgfältige Abrundung der Rauchzüge sind die Voraussetzungen für einen guten Zug gegeben. Für die Querschnittberechnung der Rauchzüge gibt die Firma „Schoferkamin- und Ziegelwerke Ges. m. b. H.", Waiblingen (Württemberg), für einen Ofen 60 cm^2, für einen Kochherd oder Waschkessel 120—160 cm^2 als nötig an. Die Abb. 48 bis 50 geben einige Beispiele dieser Kamine. Abb. 51 zeigt die Verankerung dieser Kamine mit den Wänden. Die ungeheuer raumsparende

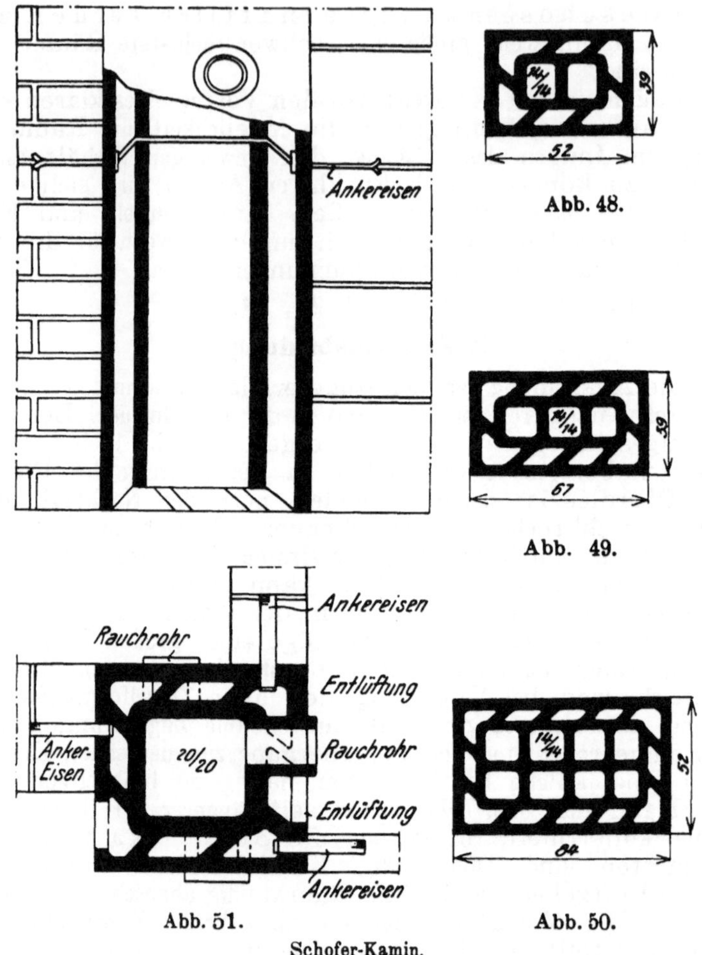

Abb. 48.

Abb. 49.

Abb. 51.

Abb. 50.

Schofer-Kamin.

Konstruktion hat sicher viel zum Erfolg dieser Kamine beigetragen.

Von umwälzender Bedeutung für die Kaminausbildung ist die Erfindung des „Thermophor"-Hausschornsteines des Ing. Ludwig Motzko, Wien. Das Wesentliche an dieser Erfindung ist, daß in einem Sammlerschornstein die Rauchzüge der in den verschiedenen Geschossen übereinanderliegenden Öfen abgeführt werden. Da diese Rauchzüge gut gegen Wärmeverlust isoliert sind, so haben sie auch einen guten wärmetechnischen Wirkungsgrad. Diese Neuerung bedeutet nicht nur vom Standpunkt der Bauausführung (durch geringen Platzbedarf) einen großen Gewinn, sondern auch vom Standpunkt der Wärmewirtschaft (durch den geringen Heizstoffbedarf). Das Ausführungsrecht dieser Kamine besitzt für Österreich Stadtbaumeister Albrecht Michler, Wien, I., Wildpretmarkt 2. Versuche mit diesem System, die seit dem Jahre 1929 laufen, haben günstige Erfolge aufzuweisen.

D. Außenputz.

Wie allgemein bekannt, soll der Außenputz wasserabweisend, porös, wetterfest und regenbeständig sein. Von besonderer Wichtigkeit ist die Porosität des Putzes, da sie erstens wärmetechnisch von Vorteil ist und zweitens notwendig ist, um im Winter den Feuchtigkeitstransport vom Innern des Wohnraumes nach außen zu ermöglichen. Der bei uns allgemein übliche Kalkmörtelputz genügt unseren Anforderungen, solange wir es nur mit $1^1/_2$ Stein starken Ziegelwänden, die nicht an der Wetterseite liegen, zu tun haben. Für diese hat man vielfach den verlängerten Mörtel oder Zementmörtel verwendet. Der Kalkmörtelputz ist als raumbeständig anzusehen, während Zementmörtel zu Putzrissen führt; überdies ist er zu dicht. Man hat daher fertige Mörtelbaustoffe geschaffen, die, solange sie nicht steinmetzmäßig bearbeitet werden, als Edelputz angesprochen werden. Im Falle der steinmetzmäßigen Bearbeitung bezeichnet man sie als Steinputze. Als bekannte Erzeugnisse sind die der Terranovawerke zu nennen, die auch bei Wien eine Fabrik haben. Dieser Putzmörtel wird in der Fabrik hergestellt, so daß große Gewähr für die Gleichmäßigkeit des Baustoffes gegeben ist. Da der Putz porös, wetterfest und wasserabweisend ist, so entspricht er allen Anforderungen vom technischen Standpunkte aus.

Die Frage des Außenputzes gewinnt ganz besondere Bedeutung bei den neuen Bauweisen, die nur Wände von 20 und 25 cm Stärke haben. Bekanntlich setzt der Feuchtigkeitsgehalt den Wärmewiderstand der Mauern herab. Wenn wir uns daher einen Putz denken, der wasserdurchlässig ist, so wird er in den dünnen Wänden von 20—25 cm nahezu den doppelten Feuchtigkeitsgehalt hervorrufen, als es der Fall wäre, wenn er auf einer 45 cm starken Mauer aufgebracht wäre. Daraus ergibt sich mit zwingender Notwendigkeit die Tatsache, daß der Außenputz nunmehr eine viel größere Bedeutung hat als früher. Die moderne Bauweise bedingt daher eine Qualitätssteigerung des Außenputzes, wenn nicht unangenehme Schädigungen in Kauf genommen werden sollen. Man kann nicht an Mauerwerkstärke sparen, ohne dafür als Gegenwert, wenn auch nur für einen kleinen Teil der ersparten Kosten, einen verbesserten Putz aufzubringen. Die große Verbreitung, die der Edelputz bereits in Deutschland gefunden hat, ist ein Beweis dafür, daß man die Bedeutung des Putzes für das gesunde Wohnen erkannt hat. Von besonderem Wert ist die Ausbildung, die die Putztechnik in Deutschland gefunden hat. Generaldirektor Narjes in Düsseldorf berichtet hierüber in den Mitteilungen Nr. 36 (*11*) der Reichsforschungsgesellschaft für Wirtschaftlichkeit im Bau- und Wohnungswesen, ebenso geben die Druckschriften der Terranovawerke Auskunft, auf die hier, aus Raummangel, nur verwiesen werden soll.

Es möge an dieser Stelle noch betont werden, daß man für Innenputz in Deutschland ebenfalls vielfach fertigen Mörtel zur Herstellung verwendet. Als Beispiel sei der Awalit-Putz der Vereinigten Gipswerke G. m. b. H. in Stadtoldendorf angeführt. In großen Bauzentren kann diese Arbeitsweise durchaus wirtschaftlich sein; man hat hier auch durch den Fabriksbetrieb die größere Gewähr für einen guten Baustoff. Als besondere Eigenart des oben angeführten Putzes wäre hervorzuheben, daß an das Auftragen des Unterputzes sich das Aufziehen der glatten Schicht unmittelbar anschließen kann. Dies ist vom technischen Standpunkt aus gewiß ein Vorteil.

Literaturhinweis: *11*.

E. Zwischenwände.

Für die Ausbildung der Zwischenwände gilt als Hauptregel, die Decken möglichst wenig zu belasten und dadurch die leichtere Veränderbarkeit der Wohnung im Innern zu erzielen. Vom raumschließenden Standpunkt sind für den Bau der Zwischenwände alle Leichtbaustoffe verwendbar; in Österreich dienen für diesen Zweck Gips- oder Schlackenplatten, Heraklith und die Neusiedlerplatte im ausgedehnten Maße. In Deutschland kommen hierzu Platten aus Bimsbeton, Tekton (ein heraklithähnliches Erzeugnis, das jedoch im Innern durchgehende Latten hat), Celotex (ein aus gepreßten Zuckerrohrfasern bestehender Baustoff) und viele andere. Die Zahl von Plattenbaustoffen, die organische Stoffe verwenden, ist sehr groß. Holz, Pflanzen und Torf werden durch besondere Methoden zusammengepreßt und gebunden oder durch eine Kittmasse zusammengehalten. Solche, meist durch Patent geschützte Baustoffe, hängen von den örtlichen Verhältnissen und Rohstoffvorkommen ab.

Bei den Gipsplatten ist man in Deutschland vom früher allgemein üblichen Wellenfalz (Abb. 52) zum Nutenfalz (Abb. 53) übergegangen, der gegenwärtig allgemein vorherrscht. Der Hauptvorteil des Nutenfalzes liegt in einem geringen Mörtelverbrauch. In den Gipsschenkelplatten (Abb 54) wurde ein weiterer Fortschritt erzielt. Hier sind nur die Fugen dicht auszugießen und auszuspachteln, die Platten sind beiderseits glatt, so daß man keinen Putz mehr braucht. Vom Standpunkt der rascheren Fertigstellung und der Verminderung der Baufeuchtigkeit ist die Verwendung der Gipsschenkelplatten sicher ein großer Fortschritt.

Abb. 52. Wellenfalz. Abb. 53. Nutenfalz.

Zur Erhöhung des Schallschutzes hat man in Deutschland auf der Zwischenwand einseitig eine schalldämpfende Platte aufgebracht, z. B. Ziegeltrennwand mit 3 cm Tekton. Noch weiter geht man bei Leichtwänden. Diese werden aus zwei vollkommen getrennten Dünnwänden hergestellt, zwischen welche eine schalldämpfende Platte gelegt wird. Solche Leichtwände kommen unter den verschiedensten Namen auf den Baumarkt und wurden z. B. bei der Versuchssiedlung in München verwendet: Absorbit, Expansitkork, Kosmosplatten - Falzbaupappe, Schallschutzplatten und Wecoplatten. Die Entwicklung schreitet auf diesem Gebiete noch weiter fort; Erfahrung und Versuche werden uns lehren, wie eine billige Leichtzwischenwand hergestellt werden kann, die insbesonders unseren ziemlich hohen Ansprüchen betreffend Schallschutz genügt.

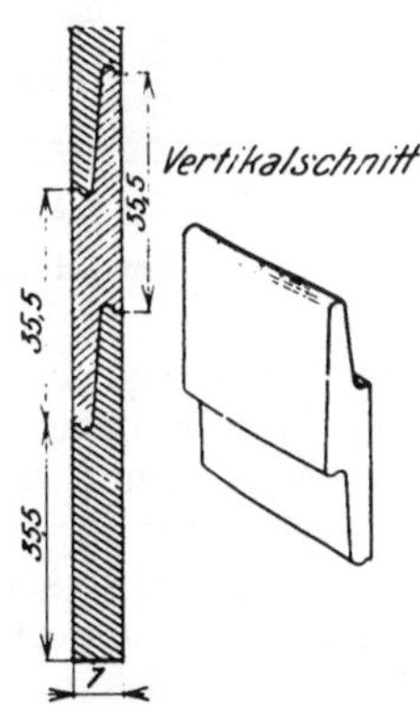

Abb. 54. Gips-Schenkelplatten.

F. Decken.

Decken haben neben der raumschließenden Aufgabe noch besonders Wärme- und Schallschutz zu bieten. Neben den Preisen haben folgende Faktoren besondere Bedeutung: Lebensdauer, Verhalten gegen Einflüsse der Baufeuchtigkeit, Feuersicherheit und gute Auswechselbarkeit. Die notwendige kurze Bauzeit erfordert rasche Einbaumöglichkeit, keine Empfindlichkeit gegen die Baufeuchtigkeit; die Decken sollen selbst möglichst wenig Feuchtigkeit in den Bau einbringen. Durch die neuzeitliche Bauart, die als Trennwände nahezu nur mehr Leichtwände kennt, haben die Decken noch die besondere Aufgabe der Aussteifung zu erfüllen, sie haben die Windlast auf die Brandmauern zu übertragen. Durch diese oben dargelegten Forderungen an eine gute Decke ist die Entwicklungsrichtung des Deckenbaues bereits gegeben.

1. Holzbalkendecken.

Die in Österreich üblichen Holzbalkendecken zeigt Abb. 55. Sie ist eine Einschubdecke. Die normale Konstruktion der deutschen Holzbalkendecke ist in Abb. 56 gezeigt. Die deutsche Ausführung hat den Vorteil geringerer Bauhöhe, sie hat aber den Nachteil, daß sie schallempfindlicher ist als die österreichische Art. Durch das „Setzen" der Ausfüllung können bei der deutschen Art Hohlräume unter dem Holzfußboden entstehen,

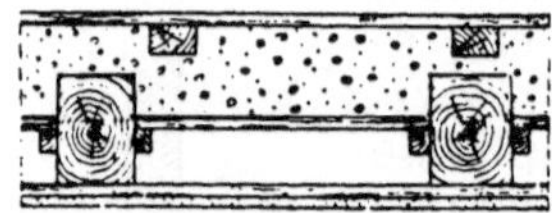

Abb. 55.
Österr. Holzbalkendecke.

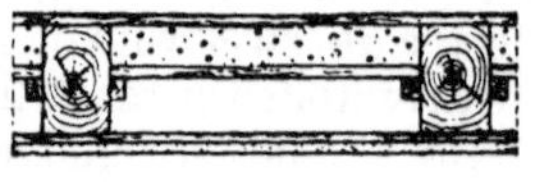

Abb. 56.
Deutsche Holzbalkendecke.

welche die eine Schallübertragung unterstützenden Resonanzerscheinungen begünstigen. Die in Deutschland übliche Art der Deckenausführung wird in Vorarlberg vielfach angewendet und ist auch sonst in Kleinhäusern bei uns anzutreffen. Die Entwicklung in Deutschland strebt dahin, durch Weglassung der Sturzschalung und Aufbringung der Beschüttung auf der Deckenschalung zunächst Holz zu sparen. Auch die Deckenschalung ersetzt man durch Tekton oder durch Staußziegelwebe. Bei Verwendung der Staußziegelwebe wird die Aufschüttung durch Schlackenbeton ersetzt. Zur besseren Schallisolierung bringt man zwischen Tram und aufliegendem Fuß- oder Blindboden ein schalldämpfendes Mittel ein. Die Abb. 57—61 bringen Beispiele solcher Decken, wie sie in der Versuchssiedlung in München zur Ausführung kamen. Eine besondere Art von Holzdecken ist die Rhenusdecke (Fr. Rhemy-A.-G., Neuwied), Abb. 62. Holzbalken, die in Abständen von zirka 50 cm gelegt werden, sind nach unten mit Bimsbetonplättchen, die breiter als die Balken sind, fest verbunden. Auf diese werden Hohlkörper aus Bimsbeton aufgesetzt. Darüber liegt eine dünne Sandauffüllung und der Fußboden. Wir haben es hier mit einer Verbindung zwischen Holz- und Massivdecke zu tun.

Allen diesen Deckenkonstruktionen gegenüber ist die österreichische vom Standpunkt des Schallschutzes aus überlegen; da in Österreich das Holz im Vergleich zu Deutschland billiger ist, so ist sie auch im Preis entsprechend. Als Nachteil muß aber die Beschüttung bezeichnet

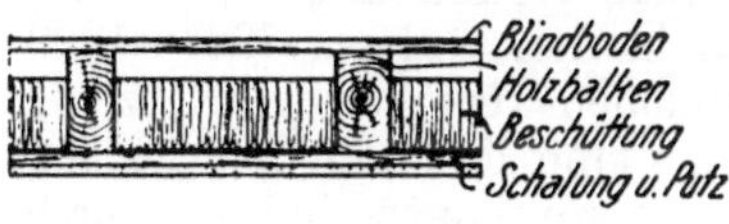

Abb. 57.
Holzbalkendecke mit Bimskiesfüllung.

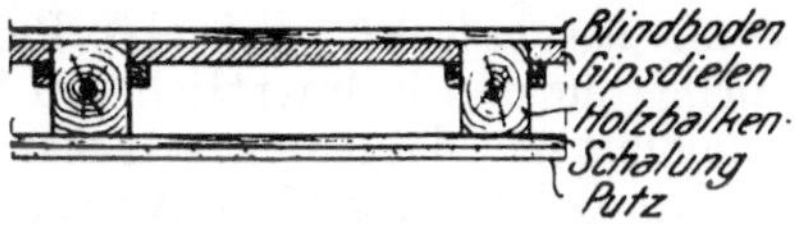

Blindboden
Gipsdielen
Holzbalken
Schalung
Putz

Abb. 58.
Holzbalkendecke mit Gipsdielen.

Abb. 59.
Holzbalkendecke.

Abb. 60.
Holzbalkendecke.

Abb. 61.
Holzbalkendecke.

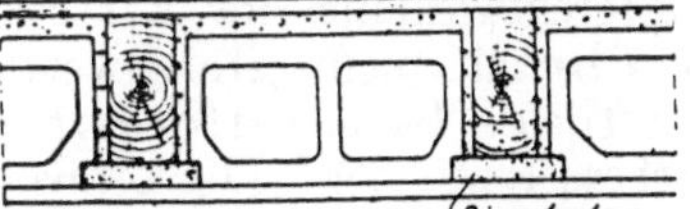

Abb. 62.
Rhenusdecke.

werden, da nur trockenes Material eingebracht werden soll. Wer selbst praktisch gearbeitet hat, weiß, wie schwer diese Forderung zu erfüllen ist. Ferner erfordert die Holzdecke gesundes und gut ausgetrocknetes Bauholz. Da dieses heute nur schwer zu beschaffen ist, besonders wenn es sich um größere Bauten handelt, so muß bei Ausführung der Holzdecken mit besonderer Sorgfalt vorgegangen werden. Die geringe Feuersicherheit ist bekannt. Die Gefährdung der Häuser durch Träme, die nicht sorgfältig gegen die Rauchzüge gesichert sind, ist leider eine häufige Erscheinung, die sich jedoch durch sachgemäße Arbeit leicht vermeiden läßt. Es ist deshalb auch bei uns trotz der Preiswürdigkeit der Holzdecken die massive Decke durchaus heimatberechtigt, obwohl wir ein holzreiches Land sind. Durch dauernde Feuchtigkeitseinflüsse werden die Holzdecken sehr rasch zerstört, weshalb in allen Räumen, die der Feuchtigkeit ausgesetzt sind (Küchen, Bad und Klosett), bei uns bereits allgemein Massivdecken verwendet werden.

2. Massivdecken.

In Deutschland hat die Massivdecke vom wirtschaftlichen Standpunkt aus eine viel größere Bedeutung als bei uns. Wenn man bedenkt, daß das Reich in den Jahren 1927—1929 jährlich für durchschnittlich 400 Millionen Reichsmark Nutzholz eingeführt hat, dann begreift man, daß eine lebhafte Entwicklung auf dem Gebiete des Massivdeckenbaues eingesetzt hat, um durch Verbesserung der Konstruktion den Erzeugungspreis um 1 bis 2 RM per Quadratmeter herabzudrücken; dadurch wird die Massivdecke schon bei der Herstellung der Holzdecke gegenüber wettbewerbsfähig.

Wirtschaftliche Gründe veranlaßten den Deutschen Zement-Bund G. m. b. H., den Stahlwerkverband A. G. und die Deutschen Linoleumwerke A.-G. zur Ausschreibung des Reichswettbewerbes für die Förderung des wirtschaftlichen Massivdeckenbaues für Wohnhäuser. In den Ausschreibungsbedingungen wird ausdrücklich darauf verwiesen: „Ein Hindernis für die folgerichtige Weiterentwicklung des wirtschaftlichen Massivdeckenbaues bildet die Überzahl nicht gleichwertiger Deckenbauweisen . . . . Wirtschaftliches Bauen erfordert nicht nur eine Vereinfachung und Verbesserung der Deckenbauweise (Eisenbetondecken, Stahlträgerdecken usw.), sondern ebensosehr eine folgerichtig durchgeführte Beschränkung ihrer Vielzahl.“

In der nun folgenden Beschreibung neuerer Massivdecken wird daher vom Grundsatz ausgegangen, nur die grundlegenden Neuerungen kurz zu besprechen.

a. Stahlträgerdecken.

Die altbewährte Ausführung mit I-Normalprofil, zwischen welchen Hourdisplatten, Betondielen oder Betonleichtplatten verlegt werden, sei nur der Vollständigkeit halber erwähnt. Zur Arbeitserleichterung beim Einbringen der Platten hat die Firma Gebrüder Röchling-Ludwigshafen am Rhein eigene Spezialträger mit einem schmäleren oberen und breiteren unteren Flansch auf den Markt gebracht. Besondere Beachtung verdient hier die Schallisolierung, die dadurch erzielt wird, daß man zwischen Auflager und Träger eine schalldämpfende Platte einbringt und das Trägerende vom Mauerwerk trennt. Dadurch wird die weitere Übertragung der Deckenschwingungen in das Mauerwerk verhindert und der Schallschutz erhöht.

Für den Kleinhaus-Stahlskelettbau wurden in Deutschland Leichtprofile aus warmgewalztem Bandstahl erzeugt. Zur Vermeidung der Korrosion werden die fertigen Profile in eine Rostschutzmasse, welche ein Teerpräparat ist, eingetaucht. Solche Profile werden bis zu 15 m Länge geliefert. Eine mit Hilfe dieser Profile von Dr. Ing. Spiegel geschaffene Decke zeigt Abb. 63.

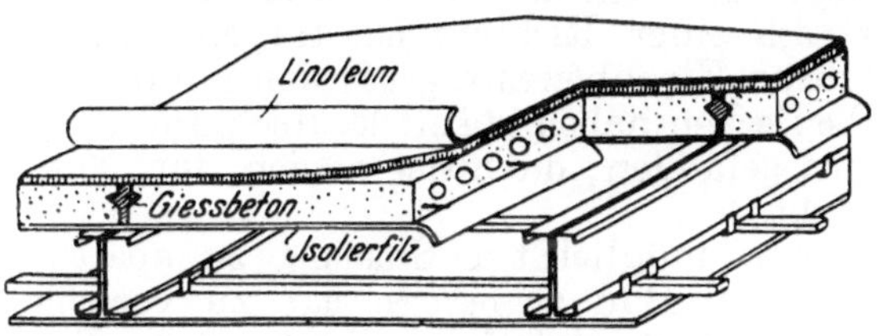

Abb. 63. Spiegeldecke.

b. Eisenbetondecken.

Des Interesses wegen sei hier als Neuerung zunächst erwähnt, daß man in Deutschland nach amerikanischem Muster eine Stahlzellendecke geschaffen hat. Sie ist in der Form ähnlich unserer Ast-Molin-Decke. Hier verwendet man als Schalung ein geformtes Stahlblech. Bei der Stahlzellendecke wird jedoch zur Formgebung eine gewellte Stahlzelle eingebracht, die in der Decke verbleibt. Wirtschaftlich ist diese Decke wohl kaum zu nennen.

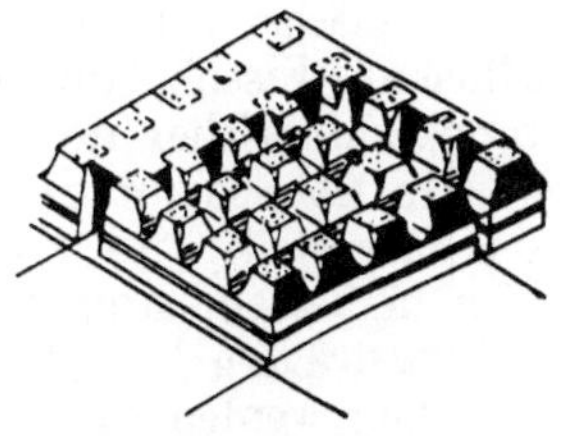

Abb. 64. Galke'sche Massivdecke.

Als Fortschritt haben wir die Galke'sche Leichtbeton - Massivdecke (Abb. 64) zu werten. Aus Leichtbeton wird in der vollen Deckenhöhe eine Platte von 46 × 46 cm Größe hergestellt, in der im oberen Teil rechtwinkelig kreuzende Aussparungen vorhanden sind, so daß sich eigentlich auf einer massiven Unterlage Prismen aus Leichtbeton erheben. Diese Platte wird mit 4 cm Abstand nach beiden Seiten verlegt, wodurch keine volle Schalung notwendig wird, sondern nur in je 50 cm Abstand kreuzweise ein Schalungsstreifen vorhanden sein muß. In den Räumen zwischen den Steinen und in den Steinrillen wird nun der Zementkiessandbeton eingebracht, nachdem vorher in den Zwischenräumen zwischen den Steinen die Eisenbewehrung eingebracht ist. Diese ist kreuzweise angeordnet, so daß also Auflager auf allen vier Seiten vorhanden sein müssen. Es ist natürlich möglich, diese Decken nur nach einer Richtung hin tragend auszubilden, die darauf senkrechte Eisenbewehrung hat dann nur lastverteilende Wirkung. Die Decken haben in Mitteldeutschland ein großes Verwendungsgebiet gefunden; die Steine werden dort aus Schlackenbeton hergestellt.

Das Streben, möglichst an Schalung zu sparen und wenig Feuchtigkeit in den Bau zu bringen, hat zu verschiedenen Lösungen geführt, derart, daß fertig abgebundene Betonteile als Teile zur Deckenherstellung verwendet werden.

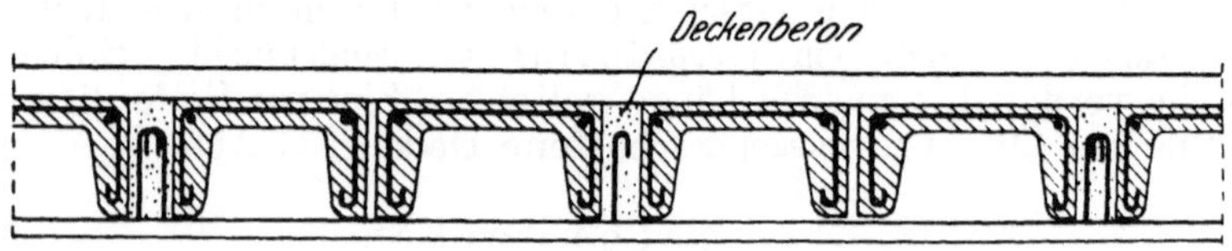

Abb. 65.
Katzenberger Massivdecke.

Zunächst sei die Istegdecke erwähnt, bei der fertige Balken aus Eisenbeton verlegt werden, die dann die Eisenschalung tragen, auf welcher der Plattenbeton eingebracht wird.

In Abb. 65 ist die Decke nach dem System Katzenberger dargestellt. Je zwei U-förmige Balken werden aus Eisenbeton hergestellt und fertig im Bau verlegt. Zwischen je zwei Zwillingsträgern bleibt ein Hohlraum, der mit Beton ausgefüllt wird; hier werden die Aufhängeeisen befestigt, welche die ebene Untersicht tragen. Die Firma Wayss & Freytag A. G. in Berlin hat eine ähnliche Trägerdecke in Vorschlag gebracht: U-förmige Eisenbetonträger werden Mann an Mann verlegt, zur Aufnahme der ebenen Untersicht sind an den Unterseiten der Träger besondere Hölzer vorgesehen. Allgemein bekannt und viel verwendet ist in Österreich die sogenannte Rapiddecke (Abb. 66), die aus I-Eisenbetonprofilen besteht, welche durch Falzung miteinander verbunden sind. Bei der Forschungssiedlung Spandau-Haselhorst wurden von Wayss & Freytag massive Eisenbetonbalken verlegt. Die Form geht aus Abb. 67 hervor. In der neutralen Achse ist eine Holzlatte eingelegt, an der oben und unten in je 65 cm Abstand Holzpackeln zur Herstellung des Fußbodens und zur Befestigung der ebenen Untersicht versetzt angebracht sind. Die große Breite der Träger und deren Gewicht konnte zugelassen werden, da zur Verlegung ein schwerer Turmdrehkran verwendet werden konnte und es sich um einen großen Auftrag handelte. Die einzelnen Teile werden auf der Baustelle selbst hergestellt; dies bedeutet vom Kostenstandpunkt einen Vorteil, da nur Massen- und nicht sperrige Güter anzuliefern sind. Die große Breite der Träger hat den Vorteil, daß für die Installationen leicht Aussparungen vorgesehen werden können. Es ist zu erwarten, daß sich diese Decken wegen der massiven Ausführung auch schalltechnisch gut bewähren werden. Die Massivdecke aus fertigen Teilen hat bei großer Nutzlast aber den Nach-

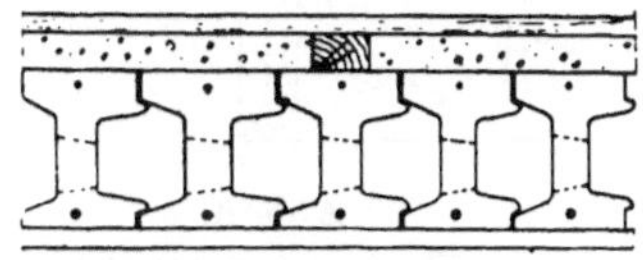

Abb. 66.
Rapid-Trägerdecke.

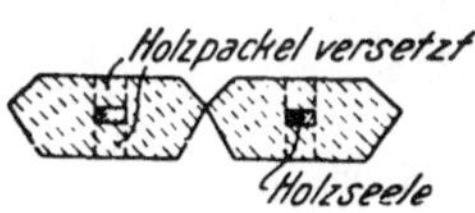

Abb. 67.
Massivdecke Spandau-Haselhorst.

teil, daß eine Lastverteilung nicht in dem Ausmaße erfolgen kann, wie bei einer im Bau hergestellten Decke. Es wird daher in einem solchen Falle stets von Vorteil sein, einen Deckenputzträger anzubringen, soferne sich darunter nicht ein ganz untergeordneter Raum befindet.

c. Hohlsteindecken.

Diese Deckenart ist seit langem erprobt. Die Hohlsteine selbst werden aus den verschiedensten Baustoffen hergestellt, hauptsächlich sind sie Ton- oder Leichtbetonsteine. Die ersten Steine waren die Klein'schen, die noch eine rechteckige Form hatten. Sie wurden mit Abständen verlegt, in die hier freiwerdenden Zwischenräume wurden die Band- oder Rundeisen eingelegt und die so bewehrten Räume mit Beton ausgegossen. Die Deckenuntersicht bestand also nicht aus gleichmäßigem Material, weshalb der Putz Streifenbildung zeigte. In der Folge hat man diesen Übelstand dadurch behoben, daß man an der Unterseite die Steine verbreiterte, so daß die Betonrippen unten ebenfalls mit dem Material des Deckensteines abgeschlossen werden. Die für diesen Zweck geschaffenen Steinformen sind außerordentlich vielfältig. Über den Steinen wurde für den Deckengurt noch Beton eingebracht. Eine neue Verbesserung dieser Steintypen schuf Feifel, dessen Steine (Abb. 68) auf der Oberseite eine dreieckförmige Rippe erhalten, wodurch der Überbeton der Höhe nach begrenzt wird und ein leichtes Abziehen der Decke durchführbar ist. Diese neue Form ist vom arbeitstechnischen Standpunkt aus zu begrüßen. Um in Hohlsteindecken auch Betonquerrippen herstellen zu können, hat die Remy A. G. sogenannte

Abb. 68.
Feifel-Deckenstein.

Abb. 69.
Remy U-Stein.

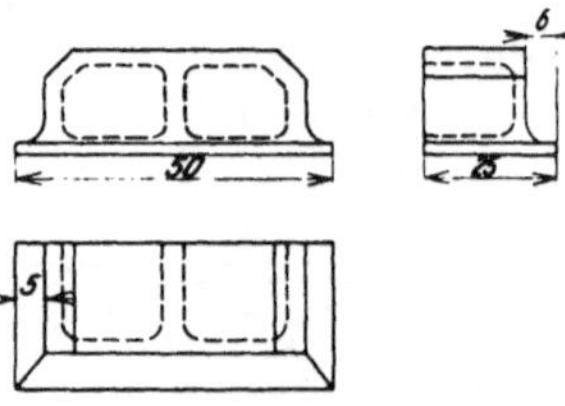

Abb. 70.
Remy-Deckenstein (kombiniert).

Abb. 71.
Heimbach-Schneider-Deckenstein.

U-Steine (Abb. 69) geschaffen, mittels welchen die Hohlräume der Deckensteine abgeschlossen werden, so daß der Beton für die Querrippen eingebracht werden kann. In weiterer Verfolgung dieses Gedankens hat die genannte Unternehmung den normalen Deckenstein mit einem U-Stein kombiniert (Abb. 70). Dadurch ist man in der Lage, mit Hohlsteinen kreuzweisbewehrte Decken herzustellen. Das Bestreben, möglichst wenig Beton in die Decke einbringen zu müssen, hat zur Erfindung der „aufbeton"losen Deckensteine geführt. Als erste kommen die Steinformen von Heimbach & Schneider, Bregenz, in Betracht (Abb. 71). Sie werden in Deutschland zur Herstellung der Sperledecke verwendet. Durch die sinnvolle Formgebung im Druckgurt ist das Zusammenwirken von Beton und Stein gesichert. Besonders wertvoll an diesem Stein ist seine zweifache Ausgestaltung mit Druckgurte nach oben und unten, wodurch auch durchlaufende Decken sehr leicht ausgebildet werden können.

Eine schalungslose Bauform mit Hohlsteinen ist die S e i l i g-Decke (Abb. 72). Hier werden Balken aus Eisenbeton verlegt, die nach oben vorstehende Bügel haben; zwischen den Balken werden Formsteine eingelegt. Vor Einbringen des Druckgurtbetons werden die Bügel umgebogen und dadurch ein einheitlicher Zusammenhang der Decke gesichert.

In der weiteren Entwicklung hat man Träger aus Hohlsteinen angefertigt, die dicht aneinander gelegt werden; damit eine Lastverteilung eintritt, werden die verbleibenden Zwischenräume mit Beton ausgefüllt. Als ein solcher Typ sei vorerst die F e i f e l d e c k e erwähnt (Abb. 73). Beim Bau der Träger

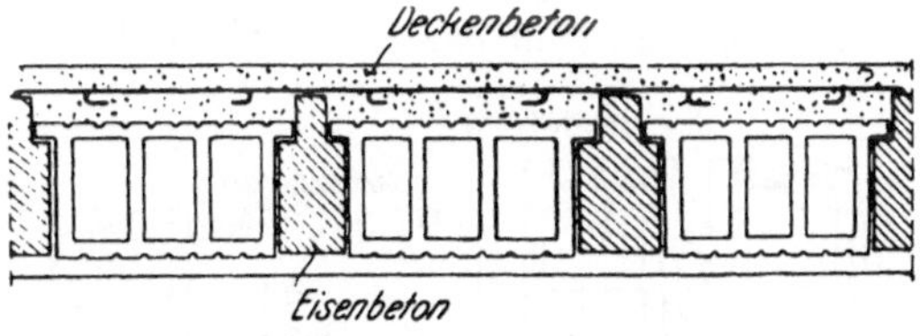

Abb. 72. Seilig-Decke.

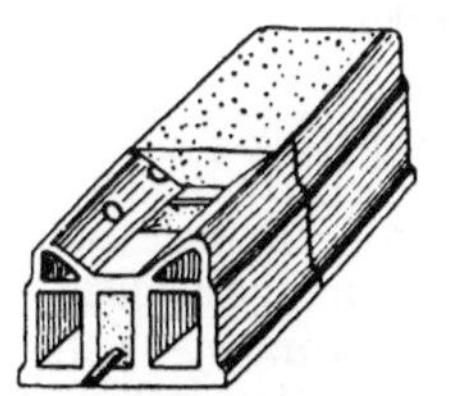

Abb. 73.
Feifel-Decke.

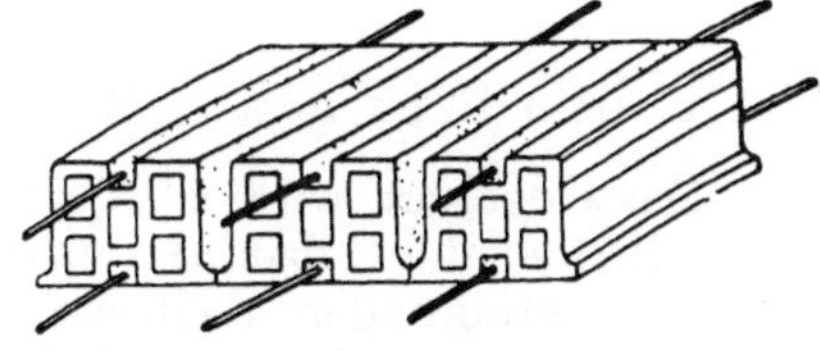

Abb. 74.
Rapid-Ziegeldecke.

werden zunächst in der Mitte der Hohlsteine oben Öffnungen hergestellt, dann die Steine stumpf aneinander gestoßen, in den unteren mittleren Hohlraum das Eisen eingebracht und schließlich der mittlere Hohlraum und die Rille mit Beton ausgefüllt. Da hier Druckbeton verwendet wird, brauchen die Steine nicht mit Mörtel verbunden zu werden. Nach dem Verlegen der Träger werden die zwischen den Trägern selbst vorhandenen Zwischenräume mit Beton vollgegossen. Eine weitere Decke dieser Art ist die R a p i d - Z i e g e l d e c k e (Abb. 74). Für Österreich sind die hiefür nötigen Formsteine durch die Österreichisch-Ungarische Baugesellschaft, Wien, I., zu beziehen. Die Ausführung der Decken ist aus der Abbildung leicht zu ersehen. Die Formsteine werden hier an den Stoßstellen mit Mörtel verbunden. Eine weitere ähnliche Art sind die Wenko-Hohlbalken der Wenko-Decken G. m. b. H., Hannover; Abb. 75 läßt die Art der Deckenausführung ersehen. Als Vorteil dieser Konstruktion ist der Umstand anzusprechen, daß mit einem Formstein zwei verschiedene Deckenhöhen hergestellt werden können. Vom baulichen Standpunkte aus sind diese Decken aus fertigen, massiven Trägern eine wertvolle Bereicherung, da sie wirtschaftlich sowie wärme- und schalltechnisch als gut zu bezeichnen sind. Besondere Sorgfalt ist jedoch bei Auswechslungen nötig. Als ganz besonderer Vorteil muß aber die Tatsache gewertet werden, daß durch diese Massivdecken nahezu keine Feuchtigkeit in das Bauwerk gebracht wird.

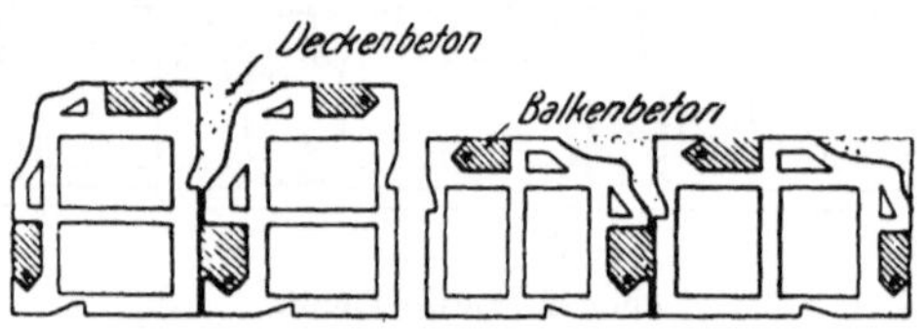

Abb. 75. Wenko-Hohlbalkendecke.

3. Linoleum auf Massivdecken.

Bei Massivdecken wird als Fußboden vielfach Linoleum verwendet. Man erhält dadurch einen allen gesundheitlichen Anforderungen genügenden Fußboden und kann die Konstruktionsstärke der Decke sehr gering halten. Da dieser Fußbodenbelag nicht tragend ist, bedarf er einer raumbeständigen, ebenen, festen und trockenen Unterlage, also bei Massivdecken eines Estriches. Als solcher kommt in Frage: Zement-, Gips-, Magnesit- und Asphalt-Estrich, und die verschiedenen, durch Patente geschützten Arten. Bei Gipsestrich ist zu beachten, daß hiefür der Estrichgips verwendet werden muß, der bei etwa 1000° gebrannt wird, während der Stuckgips bei einer Temperatur von nur 180° C gebrannt wird. Gipsestrich darf nicht unmittelbar auf der Betondecke aufgebracht werden, sondern braucht eine Zwischenlage von Sand. Damit der Estrich den Schall nicht auf die Wand überträgt, wird er nicht bis an diese herangeführt, sondern es wird ein kleiner Zwischenraum gelassen, der entweder mit Sand oder Schlacke oder einem Isoliermittel ausgefüllt wird.

Um die Schall- und Wärmeisolierung der Decke zu erhöhen, wird zwischen Estrich und Decke eine schalldämpfende Zwischenlage eingebracht. Als solche kommen Beschüttung, Heraklith, Torfplatten usw. in Betracht. Es gibt für diese Zwecke eine Unzahl von eigenen Baustoffen. Das Herstellen der Estriche und Isolierschichten erfordert eine gewissenhafte Arbeit. Die Druckschriften der Deutschen Linoleumwerke A. G. Bietigheim (Württemberg) geben hierüber die besten Aufklärungen, da sich bei dieser Stelle die guten und schlechten Erfahrungen gesammelt haben. Man kann bei Befolgung der von der Deutschen Linoleumwerke A. G. aufgestellten Regeln auf einen guten Ausführungserfolg rechnen. Eine große Anzahl von Estrichen und Isolieranordnungen ist in Folge 8 der Schriftreihe „Vom wirtschaftlichen Bauen" beschrieben und deren Wirksamkeit durch Schallmessungen festgestellt.

Es ist möglich, Massivdecken mit Linoleum als wärme- und schalltechnisch der Holzbalkendecke gleichwertig auszuführen. Da die Erzeugung dieses Bodenbelages nunmehr auch in Österreich aufgenommen wurde, so kann mit einer größeren Verwendung desselben zukünftig auch in Österreich gerechnet werden.

Literaturhinweis: *1, 2, 4, 5, 6, 7, 8, 9, 10, 25, 26, 27.*

G. Fenster und Türen.

In Deutschland sind einfache Fenster vorherrschend. Selbst in Ostpreußen, das ein rauhes Klima aufweist, ist man mit dieser Ausführung zufrieden. In Württemberg findet man vielfach an dem einfachen Flügel, der Doppelfalze hat, doppelte Fensterscheiben. Auch die württembergischen Fenster entsprechen ebensowenig wie die einfachen Fenster den Anforderungen in wärmetechnischer Beziehung. Sie sind wohl billiger als die in Österreich üblichen Doppelfenster, erfordern jedoch einen wesentlich höheren Kostenaufwand für die Heizung. Da Österreich brennstoff(kohle)arm, jedoch holzreich ist, so kann nicht empfohlen werden, vom doppelten Fenster abzugehen.

Bei Türen verwendet man in Deutschland verschiedentlich glatte Sperrholztüren. Auf einem Gerüst aus Pfosten werden beiderseitig Sperrholzplatten aufgebracht. Die Arbeit ist daher einfacher als bei unseren gestemmten Türen. Soll die Herstellung aber wirtschaftlich sein, so muß es sich um eine Massenanfertigung handeln. Eine streng eingehaltene Normierung der Türgrößen ermöglicht eine billigere Herstellung. Sperrholztüren haben sich als Innentüren gut bewährt, soferne sie das bei Kleinhäusern übliche Maß nicht überschreiten; wo sie jedoch als Außentüren verwendet wurden, haben sie sich vielfach verzogen, so daß dort ihre Verwendung nicht empfohlen werden kann.

Als Beschläge werden in Deutschland vielfach massiv ausgebildete, aus Eisen hergestellte und schwarzgebrannte verwendet. Deren Verwendung in Österreich wäre vom Kostenstandpunkt aus sehr zu begrüßen, um so mehr, als diese massiven Eisenbeschläge den bei uns vielfach verwendeten schwachen Messingbeschlägen auch konstruktiv überlegen sind.

In Deutschland hat man vielfach Versuche mit Stahlfenstern und -türen gemacht. Durchgesetzt haben sich diese bisher noch nicht. Für Österreich dürften wohl die

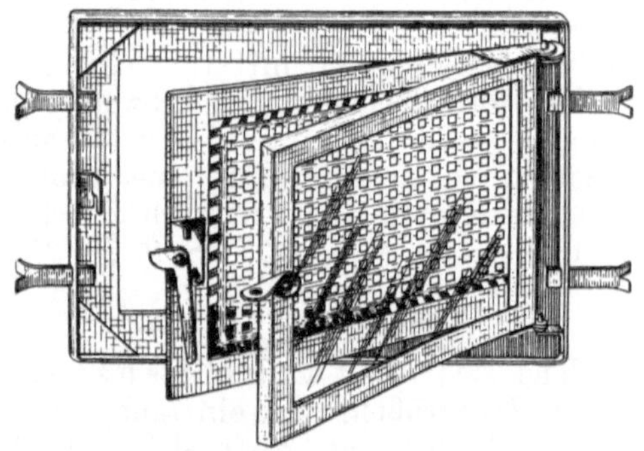

Abb. 76. Gifega-Norma-Kellerfenster.

Voraussetzungen für deren Verwendung fehlen, da in Österreich das Eisen teurer und das Holz billiger ist als in Deutschland und außerdem durch das Nichtvorhandensein eines großen Baumarktes die billige Massenanfertigung wohl nicht zu erreichen sein wird.

Wertvoll sind für uns die in Deutschland üblichen Kellerfenster aus Stahl, bei welchen das Gitter durch ein gelochtes Blech ersetzt wird. Abb. 76 zeigt ein solches von der Essener Metallwerkstätte L. Leiner G. m. b. H. erzeugtes Gifega-Norma-Kellerfenster.

Erfahrungen mit neuen Bauweisen.

In Deutschland sind eine Reihe neuerer Bauverfahren zur Anwendung gekommen. Die Voraussetzungen für Versuche waren in den letzten Jahren dort denkbar günstig. Die jährlich zu erbauenden Wohnungen, rund 300.000, bewirkten eine ungeheuere Belebung des Baumarktes. Hätte man alle Bauaufgaben mit den normalen Ziegelbauten allein erfüllen wollen, dann wäre Deutschland gezwungen gewesen, sich ausländischer Arbeitskräfte, namentlich Maurer, zu bedienen; außerdem hätte die Ziegelindustrie eine unnatürliche Ausbreitung erfahren müssen, so daß nach Rückkehr zur normalen jährlichen Bautätigkeit viel im Ausbau dieser Industrie investiertes Kapital verloren gegangen wäre. Durch das Vorkommen von wertvollen Rohstoffen, in erster Linie Bims und ferner Schlacke, waren Entwicklungsmöglichkeiten für den Betonbau gegeben. Die großen Bauaufgaben bedingten vielfach große Baustellen, so daß man, dem Geist der Zeit entsprechend, an eine weitestgehende Mechanisierung dieser Baustellen denken konnte. Hiefür bot nun gerade die Betonbauweise die günstigsten Voraussetzungen. Als letzter Antrieb zur Einführung neuer Bauweisen in Deutschland erwiesen sich schließlich die U. S. A., die in den letzten Jahren in vielfacher Beziehung das Vorbild Deutschlands in wirtschaftlichen Dingen waren; es ist insbesonders dem amerikanischen Beispiel zuzurechnen, daß z. B. die Stahlskelettbauweise in Deutschland eine große Förderung erfuhr.

Unserer bautechnischen Literatur haftet derzeit leider noch der Mangel an, daß sie wohl über Bauausführungen berichtet, daß sie sich aber nahezu vollständig über die Erfahrungen, die mit den Bauwerken gemacht wurden, ausschweigt. Es ist ein Verdienst der Reichsforschungsgesellschaft für Wirtschaftlichkeit im Bau- und Wohnungswesen, daß sie in ihren Berichten über die mit den Versuchssiedlungen gemachten Erfahrungen, insbesonders über ermittelte Mängel und Vorzüge spricht. Auf solche Weise wird es möglich sein, ein sachliches Urteil über die Neuerungen zu gewinnen.

A. Wirtschaftlichkeit.

Von neuen Bauweisen verlangt man, daß sie in gesundheitlicher Beziehung mindestens gleichwertig den alten Bauweisen sein sollen; damit sind sie technisch gerechtfertigt. Der Bauherr wird sich aber für eine neue Bauweise trotz ihrer qualitativen Gleich- oder Höherwertigkeit nur dann entschließen, wenn sie auch billiger als die bisher übliche ist, da die alte Bauweise ja erfahrungsgemäß das kleinste Risiko birgt; er will durch einen billigeren Preis für das größere Wagnis des Bauens nach der neuen Bauweise entschädigt werden.

Für neue Bauweisen werden wegen verkürzter Bauzeit als verbilligende Gesichtspunkte, die sich nicht im Angebotpreis ausdrücken, noch besonders geltend gemacht:

Herabsetzung des Verlustes an Zwischenzinsen,

frühzeitige Bezugsmöglichkeit und

Verringerung der Unkosten für den Bauherrn.

Die Verringerung der Mauerstärken bringt eine bessere Ausnützung des verbauten Raumes, so daß mehr Nutzfläche entsteht, als bei der alten Bauweise.

Dipl.-Ing. Otto Müller, Berlin, schätzt in seinem Aufsatz „Rationelle Mauerkonstruktionen" in der 4. Folge der Schriftenreihe „Vom wirtschaftlichen Bauen" (*1*) eine Ersparungsmöglichkeit von 22% der Baukosten durch die Verwendung solcher Konstruktionen. Diese Schätzung ist reichlich hoch und praktisch sicher schwer erreichbar, wenn der Verfasser sie auch als Zukunftsbild hinstellt. Was O. Müller im genannten Aufsatz über die Wirtschaftlichkeit neuerer Bauweisen schreibt, sei hier wörtlich angeführt, weil man dadurch den besten Einblick in die Gedankengänge für die Werbung neuer Bauweisen erhält. Er schreibt:

„Die Wirtschaftlichkeit der neuzeitlichen Ausführungen ist leider nicht durch theoretische Einzelkalkulationen nachweisbar; es muß jeder Fachmann davon überzeugt sein, daß neue Bausysteme nicht nach bisherigen Kalkulationsgrundsätzen wirtschaftlich erfaßt werden können, solange sie nicht Allgemeingut geworden sind und sich soweit eingebürgert haben, daß neben den Rationalisierungsbestrebungen auch das Ineinanderspielen aller Einzelzweige erfolgt ist. Es müssen daher diejenigen Stellen unserer Wirtschaft, welche die Rationalisierungsbestrebungen zu beurteilen haben, davon ausgehen, daß nicht die ersten Versuche die Verbilligung beweisen können, sondern es muß nach den Untersuchungen das Zutrauen zu einzelnen Konstruktionssystemen gefaßt werden, damit durch Förderung derselben der Zustand erreicht werden kann, in dem das Ineinanderspielen der einzelnen Zweige durch die Massenarbeit automatisch die Verbilligung herbeiführt.

Sind es nun aber nur allein Gründe der Verbilligung, die uns neue Wege führen sollen? Nein — auch nicht allein die Anforderungen an die Rationalisierungsbestrebungen sind es, die uns nach Abkehr von der Tradition zur Weiterentwicklung zwingen. Freier in der Konstruktion, freier in der Formgebung müssen wir werden, sparsamer in der Verwendung der Baumassen, der Bauzeiten und hauptsächlich der menschlichen Arbeitskraft."

Dieses im Jahre 1928 Geschriebene wird wohl heute besonders wegen des Schlußabsatzes nicht ohne Bedenken gelesen werden können.

Es ist daher begreiflich, daß im Reiche die Meinungen über den wirtschaftlichen Wert und Erfolg der einzelnen neuen Bauweisen sehr geteilt sind. Sicher ist, daß sie an einigen Stellen, begünstigt durch Rohstoffvorkommen, erfolgreich waren, ebenso sicher ist es aber, daß dies vielfach nicht der Fall war. Wenn also die Wirtschaftlichkeit von Objekten, hergestellt nach den neuen Bauweisen, vom Standpunkt des Bauherrn gesehen, fraglich ist, so kann man doch sagen, daß sie volkswirtschaftlich von Nutzen waren. Ohne neue Bauweisen hätte Deutschland in den letzten Jahren nicht sein großes Bauprogramm auf dem Gebiete des Wohnungsbaues durchführen können. Nur durch den Wettbewerb konnte ein weiteres Ansteigen der Preise für die alten Bauweisen vermieden werden. Durch die indirekt verbilligende Wirkung auf andere Bauten haben daher die neuen Versuche ihre volkswirtschaftliche Berechtigung erwiesen.

B. Wärmeschutz.

Zur Beurteilung dieser Frage liegen zwei Berichte der Reichsforschungsgesellschaft für Wirtschaftlichkeit im Bau- und Wohnungswesen vor. Bericht Nr. 1 (*21*) handelt über die Versuchssiedlung in München, verfaßt von Osk. Knoblauch, Herm. Reiher und Helm. Knoblauch. Die Ergebnisse der Wärmedurchgangsversuche sind in der nächsten Zahlentafel XI zusammengestellt, in der die vorberechneten Werte den Versuchsergebnissen gegenübergestellt sind. d_z ist das Kurzzeichen für die Stärke einer gleichwertigen Ziegelmauer.

XI. Wärmedurchgangsversuche in der Versuchssiedlung München.

Wandtype	Dicke in cm	Wärme-durchlaß-zahl Λ	Bemerkung	Berechneter Wert	
				Λ	d_z (cm)
38 cm Ziegel d. F.	42	2·32 2·09	noch feucht normal trocken	1·78	42
25 cm Ziegel d. F.	28·5	2·53	normal trocken	2·61	29
25 cm Ziegel d. F. und 3 cm Tekton	32	1·11	normal trocken	1·44	52
25 cm Stöhrstein	29	2·36 1·84	noch feucht normal trocken	1·61	47
38 cm Lochhauser	42	1·46	normal trocken	1·21	62
25 cm Lochhauser	29	1·61 1·58	noch feucht normal trocken	1·72	44
30 cm Hubalek-Bimsbeton-Hohlblocksteine	34	1·08	normal trocken	0·98	77
25 cm Hubalek-Bimsbeton-Hohlblocksteine	29	1·17	noch feucht	1·09	69
18 cm Bimsbetonwand	22	1·38 1·21	noch feucht normal trocken	1·10	68

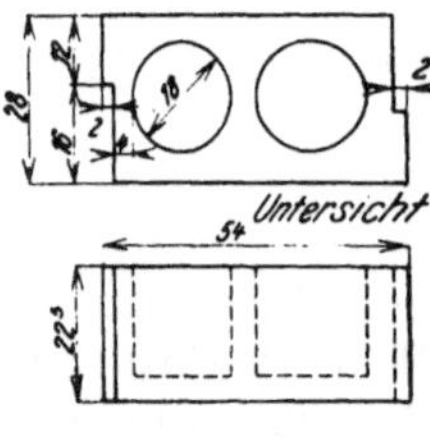

Abb. 77.
Schlackenbetonhohlstein, Versuchssiedlung Dessau-Törten.

Auf Grund der angeführten Ergebnisse kommt der Bericht zu dem Schluß, daß man die Wärmedurchgangszahlen hinreichend genau auf Grund der Laboratoriumsversuche berechnen kann, wenn man die Wandfeuchtigkeit richtig einschätzt.

Bericht 2 *(22)* ist von Dr. Ing. I. S. Cammerer, Berlin, verfaßt. Er hat Messungen an den Versuchssiedlungen in Törten und Frankfurt a. M. durchgeführt. Über die Ergebnisse geben nachfolgende Zahlentafeln XII und XIII Aufschluß.

XII. Wärmedurchgangsversuche in der Versuchssiedlung Törten.

Wandtype	Raumgewicht kg/m³	Feuchtigkeit in Volumenprozenten	Stärke in cm	Wärmeleitzahl der ges. Konstruktion	Wärmedurchgangszahl k	Gleichwertige Ziegelwandstärke in cm
12 cm Zellenbetonplatten, eisenbewehrt, +1 cm + 1·5 cm Putz	835 Zellenbeton ohne Eisen 895 Zellenbeton mit Eisen	11·5	14·5	0·365	1·72	30
Schlackenbetonhohlsteine (Abb. 77) 28·5 + 0·5 Falzdichtungsplatten + 1·5 cm + 2·5 cm Putz	1260 Schlackenbeton	4·0	33	0·53	1·24	47
5 cm Schlackenbeton 1 cm Luftschicht 6 cm Bimsbeton + 1 cm + 1·7 cm Putz	1350 Schlackenbeton 890 Bimsbeton	9·8 Schlackenbeton 10·1 Bimsbeton	14·7	0·48	2·04	23

Bemerkung: Nach dem für diese Siedlung geltenden Programm sollten alle Wände der $1^1/_2$ Stein starken Ziegelmauer überlegen sein.

Die Bimsbetonplatten waren im Mischungsverhältnis: 1 Teil Portlandzement zu 7 Teilen Bims angefertigt und sollten im normalen Feuchtigkeitszustand einer 46 cm starken Ziegelwand an Wärmeleitfähigkeit gleichwertig sein. Die obigen Meßergebnisse zeigen eine starke Abweichung von der vermuteten Wärmeleitfähigkeit, was im großen Feuchtigkeitsgehalt der Wandkonstruktionen begründet ist. Cammerer vermutet, daß die feine, poröse Struktur des Bimses einen hohen, bleibenden Feuchtigkeitsgehalt begünstigt. Die natürliche hygroskopische Feuchtigkeit der Bimsbetonplatten ist nach Versuchen mit 3,1 bis 3,3 Volumprozent anzunehmen. Man wird daher bei feinpori-

XIII. Wärmedurchgangsversuche in der Versuchssiedlung Frankfurt a. M.

Wandtype	Raumgewicht kg/m³	Feuchtigkeit in Volumprozenten	Stärke samt Putz cm	Wärmeleitzahl	Wärmedurchgangszahl k	Gleichwertige Ziegelwand in cm
Bimsbetonplatten Bauart May .	1235	21·3	23	0·53	1·62	33
„ „ .	1125	24·0	23	0·60	1·76	29
„ „ .	1010	15·5	23	0·49	1·53	35
2 × 12 cm Ziegel + 6 cm Luftschicht	1525	1·25	33	0·63	1·42	39

gen Baustoffen im Mauerwerk vorsichtshalber mit einer höheren Feuchtigkeit rechnen müssen. Von besonderem Einfluß ist die Art der Herstellung dieser feinporigen Baustoffe und die Verarbeitung. Man wird solche Baustoffe vor Durchnässung schützen müssen, was besonders bei der Lagerung und beim Einbau zu berücksichtigen ist. Von ganz besonderer Wichtigkeit ist bei diesen Baustoffen der Außenputz, da er hinreichend Schutz gegen das Eindringen von Schlagregen gewähren muß, soll nicht eine große Feuchtigkeitsanreicherung im Baustoffe eintreten und damit der Wärmeschutz herabgesetzt werden. Es liegt auf der Hand, daß bei Eintreten von Feuchtigkeit durch den Putz eine dünne, porige Wand einen größeren Prozentsatz an Feuchtigkeit aufweisen wird als eine dicke Wand. Diese beiden letztangeführten Versuchsergebnisse zeigen, daß man wohl bei dünnen Wänden besonders vorsichtig sein muß und daß es angezeigt erscheint, für solche Außenwände einen höheren Wärmeschutz zu fordern, als bei der normalen Ziegelmauer. Cammerer spricht die Vermutung aus, daß die Ergebnisse deshalb sehr ungünstig waren, weil der Wärmeschutzwert einer $1^1/_2$ Stein starken Ziegelmauer nicht erreicht wurde und deshalb die Voraussetzung für die Anreicherung von Feuchtigkeit gegeben war.

Bei Berechnung des Wärmeleitwertes von dünnen, porösen Wänden wird man daher einen größeren Feuchtigkeitsgehalt als normal voraussetzen müssen, um sicher zu gehen. Die starken Versuchswände in München haben dagegen voll entsprochen.

C. Schallschutz.

Über die Schalldurchlässigkeit von Decken liegen Versuchsergebnisse von der Siedlung Bietigheim der Deutschen Linoleumwerke A. G. vor, veröffentlicht in Folge 8 der Schriftreihe „Vom wirtschaftlichen Bauen" (*5*), und von der Versuchssiedlung München, worüber Mitteilungen im Berichte Nr. 1 (*21*) der Reichsforschungsgesellschaft für Wirtschaftlichkeit im Bau- und Wohnungswesen gebracht wurden. Im Bericht über die Siedlung Bietigheim sind die Schallisolationswerte für Decken, Estrich und Linoleum getrennt angegeben, während von den Münchener Versuchen nur die Werte für fertige Decken vorliegen. Die Zahlen selbst weisen große Streuungen auf; für die Zwecke eines näheren Studiums wird auf die angegebenen Quellen rückverwiesen. Es zeigt sich insbesondere, daß die Ausführung selbst einen großen Einfluß auf die Schallisolation hat, so daß darauf besonderes Gewicht zu legen ist.

Als Folgerungen aus den Versuchsergebnissen werden im Bericht über die Münchener Siedlung folgende Grundsätze angegeben: Bei der normalen Holzbalkendecke deutscher Art (Abb. 56) als Vergleichsbasis ergeben sich bei den Tönen 530, 800, 1060 und 1330 Hertz (Schwingungen per Sekunde) Schallisolationswerte von 7,2, 7,3, 8,5 und 8,6. Die weiters untersuchten Holzbalkendecken (Abb. 57—61) zeigten, daß der Schallschutz durch Zufügen steifer, möglichst luftundurchlässiger, plattenförmiger Teile (verputzte Staußziegeluntersicht, Tektonuntersicht) erheblich verstärkt werden kann. Es wird die Vermutung ausgesprochen, daß die günstige Wirkung dieser Anordnungen darin begründet ist, daß die bei normalen Holzbalkendecken nie ganz zu vermeidende Luftdurchlässigkeit verringert wird, so daß keine merkliche Schallübertragung durch Poren mehr eintreten kann. Allenfalls ist die Zwischenlegung einer isolierenden Pappeschicht angezeigt, um einen möglichst luftdichten Abschluß zu erreichen. Massive Decken mit verhältnismäßig großen eingeschlossenen Lufträumen bieten einen geringeren Schallschutz als Holzbalkendecken, wenn nicht durch geeigneten Estrich für eine entsprechende Isolierung gesorgt wird. Bei Massivdecken mit kleinen durchgehenden Luftkanälen und mit Hohlsteinen zeigt es sich, daß im Durchschnitt der Schallschutz einer normalen Holzbalkendecke erreicht werden kann. Notwendig ist auch hier eine gute gleichmäßige Ausführung und die Verwendung geeigneter Isolierung. Bei nahezu vollständiger oder ganz massiver

Deckenkonstruktion zeigte sich die Tatsache, daß durch Verwendung schalldämpfender Materialien (z. B. Bims) und durch Isolierung des Estrichs gegen die Rohdecke die besten Ergebnisse zu erzielen sind.

Bezüglich der Estriche wurde die Forderung aufgestellt, daß harte Estriche (Gips, Zement) durch eine Isolierschicht von der Rohdecke zu trennen sind und daß zwischen Estrich und Wand ebenfalls eine Isolierungsschicht vorhanden sein muß.

Die Versuche über Wohnungstrennwände ergaben als Resultat, daß mit einer Lochhauser Steinwand — 29 cm stark — (s. Abb. 2) nahezu der gleiche Schallschutz erzielt werden konnte, wie mit einer Vollziegelwand gleicher Stärke. Dadurch ist bewiesen, daß kleine, abgeschlossene Hohlräume nicht resonanzfähig sind und daher nicht den nachteiligen Einfluß ausüben können, wie es z. B. bei großen, eingeschlossenen Lufträumen bei Stöhrsteinen, Abb. 5, der Fall ist. Sehr günstig wirkt das Aufbringen einer 3 cm starken Isolierschicht auf eine Seite der Wand (z. B. Tekton, Heraklith). Der Versuch, durch Dünnwände zum Ziel zu kommen, ist nur dann erfolgreich, wenn die Wand aus zwei getrennten Teilen besteht, die durch eine Isolierschicht getrennt sind. Es muß daher jede Verbindung zwischen den beiden Außenwandteilen vermieden werden. Im Bericht wird die Vermutung ausgesprochen, daß die auf solche Art hergestellten Wände mindestens eine Stärke von 18 cm aufweisen müssen.

Bei Zimmertrennwänden zeigt es sich ebenfalls, daß kleine, eingeschlossene Hohlräume keinen schädlichen Einfluß nehmen. Wände, die wesentlich dünner sind als die $^1/_2$ Stein starke Ziegelmauer, erreichen den geforderten Schallschutz nicht. Auch hier wird bei dünnen Wänden der beste Erfolg durch Teilung in zwei Teile, die durch ein Isolierungsmaterial getrennt werden, erzielt. 12 cm dürften die unterste Stärke sein, mit der man noch zum Ziele kommt, soferne man die Wände nicht besonders verspannt und sie so widerstandsfähiger gegen Schwingungen gestaltet.

Die Schallforschung ist noch im Anfang der Entwicklung; sie muß weiter gefördert werden, wenn man in Zukunft auf Grund von Versuchsergebnissen an ausgeführten Objekten auch schalltechnisch richtige Entwürfe ausarbeiten will. Die bisher durchgeführten Versuche ergeben immerhin bereits Richtlinien, so daß deren Studium jedem Baufachmann zu empfehlen ist.

Literaturhinweis: *5, 6, 21* u. *22.*

Baubetrieb in Deutschland.

A. Organisation der Baustellen.

Die Besichtigung deutscher Hochbau-Baustellen führt den Betriebsfachmann zur Feststellung, daß der Grad der Organisation bei den einzelnen Unternehmungen ein sehr verschiedener ist. Man trifft Baustellen mit guter, ja glänzender Organisation und wieder Baustellen, deren organisatorische Mängel sofort sichtbar sind. Im allgemeinen kann man sagen, daß die Organisation um so besser ist, je größer der Maschineneinsatz auf der Baustelle ist; doch trifft man auch hier Baustellen, wo die Maschinenverwendung nicht zweckmäßig, wo der ganze Maschinenpark nicht einheitlich abgestimmt ist. Die Beobachtungen auf solchen Baustellen führen zum Schlusse, daß die in den letzten Jahren reichlich propagierten Rationalisierungsbestrebungen hier schwer mißverstanden und statt richtig als Bestrebungen zur Erhöhung der allseitigen Wirtschaftlichkeit der Arbeit aufgefaßt zu werden, mit Mechanisierung verwechselt wurden; diese Fehlauffassungen haben leider vielfach zu unzweckmäßigem Einsatz von Maschinen geführt. Bei Betrachtung der deutschen Baubetriebsverhältnisse im Hochbau darf man aber einen Umstand nicht außer acht lassen: Wo Akkordarbeit gestattet ist, sind für die wichtigen Arbeiten des Hochbaues die Akkordlöhne für einzelne Tarifgebiete durch den Tarifvertrag festgelegt. Dieser basiert auf der zurzeit üblichen Ausführungsmethode. Der Bauunternehmer kann daher Neuerungen, die sparend wirken, nicht einführen, weil er, durch die festen Akkordsätze gebunden, keinen Nutzen erzielen kann. Im übrigen bemüht sich die Reichsforschungsgesellschaft für Wirtschaftlichkeit im Bau- und Wohnungswesen und das Deutsche Handwerksinstitut-Hannover, gerade in Unternehmerkreisen für bessere Organisation zu werben und das Verständnis für die dadurch zu erzielenden Kostenersparungen bei der Bauausführung zu wecken. Zusammenfassend kann man ruhig sagen, daß *die österreichischen Baustellen auf gleicher organisatorischer Höhe stehen wie die in Deutschland.*

Wenn der Maschineneinsatz in Deutschland etwas größer ist als in Österreich, so hat dies eine dreifache Ursache:

1. Höhere Löhne als bei uns in Österreich,

2. eine große Industrie für Baumaschinen und

3. sind natürlich große Baustellen besonders dann, wenn Beton als Baustoff verwendet wird, viel besser für Maschinenverwendung geeignet, als die bei uns vorherrschenden kleinen Baustellen. Es wird also auch in Österreich ein wichtiges Augenmerk auf Verbesserung der Betriebsverhältnisse zu legen sein.

B. Werkzeuge.

In den Baubetrieben des Deutschen Reiches werden für ein und dieselbe Arbeit nicht die gleichen Werkzeuge verwendet. Bei

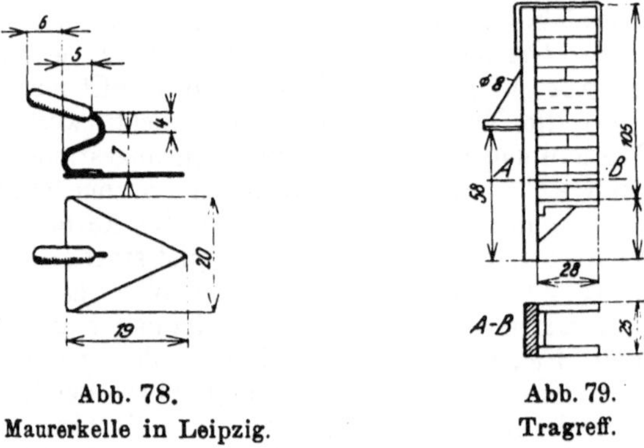

Abb. 78.
Maurerkelle in Leipzig.

Abb. 79.
Tragreff.

der Reichsforschungsgesellschaft für Wirtschaftlichkeit im Bau- und Wohnungswesen sind Arbeiten im Gange, um Vereinheitlichungsvorschläge für Werkzeuge zusammenzustellen. Nachstehend sollen einige auf reichsdeutschen Baustellen verwendete Werkzeuge beschrieben werden, deren Anwendung auch in Österreich von Nutzen sein könnte.

Die Maurerkelle fand ich in Leipzig in der in Abb. 78 dargestellten Form. Der Vorteil dieser Werkzeugform ist darin zu finden, daß der Hebelarm zwischen dem Angriffspunkt der Hand und dem Schwerpunkte der Mörtelmasse klein ist und dadurch die vorzeitige Ermüdung des Arbeiters verhindert wird. Abb. 79 zeigt ein Tragreff (Kraxe) für Ziegel, wie es ebenfalls in Leipzig gebräuchlich ist. Zu beachten ist, daß das

Traggestell nicht durch Gurten, wie bei uns üblich, getragen wird, sondern daß gepolsterte Holzarme, die vom Rückenbrett ausgehen, die Last auf die Schultern des Trägers übertragen, der die Holzarme mit den beiden Händen beim Tragen hält. Als normale Trägerlasten sind bei Regiearbeit 28 Steine d. F. üblich, bei Akkordarbeit werden über 32 Steine getragen. Da die hohe Ziegelsäule nicht stabil ist, so wird sie vielfach durch Eisenbügel gehalten. Die Trägerlast beträgt also in Deutschland 80 bis 100 kg, in Österreich zwischen 50 und 60 kg. Die Form der deutschen Trägergerüste kann in Österreich bei Verwendung von E. H. Z.-Steinen praktisch von Bedeutung werden.

In Hamburg fand ich ein einfaches Werkzeug zum Reinigen von Betonschalbrettern. An einem einfachen Stiegenhandgriff (etwa 30 cm lang) wird auf der unteren ebenen Seite ein Stahlband in Schlangenlinie (mit der Bandfläche normal zur Grundfläche) befestigt. Mit einem solchen Werkzeug wurden von nur einem Arbeiter in achtstündiger Schicht 436 m² Schalholz gereinigt. Selbstverständlich muß das Schalholz ihm günstig gelagert zugebracht werden. Wenn dieser gute Erfolg auch nicht immer zu erzielen sein wird, so ist dieses Werkzeug doch als ein äußerst wertvolles und arbeitsparendes anzusprechen. Erzeugt wird das vorgenannte Werkzeug von der Firma Puls & Bauer in Hamburg.

Abb. 80. Schalwerkzeug, Nagelzieher.

Ein wertvolles Werkzeug für die Bauschalarbeit ist ebenfalls in Hamburg in Gebrauch (Abb. 80). Ein Rundeisen mit einem Durchmesser von 14—18 mm wird an dem einen Ende durch Schmieden zu einem leichten Hammer ausgestaltet, das andere Ende ist gebogen und gegabelt und wird zum Ziehen der Nägel verwendet.

Dieser kurze Bericht über verschiedene Werkzeuge soll zur Anregung für Verbesserungen dienen. Auch in Österreich sind die Werkzeuge durchaus nicht einheitlich. Eine Untersuchung über optimale Werkzeugformen und -ausführungen wäre sicher eine dankbare Arbeit.

C. Schalungen.

Für Betonschalungen wurde in Sachsen der doppelköpfige Nagel gefunden, der von der Firma Billhard & Co., Draht- und Eisenwarenfabrik in Leipzig, hergestellt wird. Der Vorteil bei Verwendung dieser Nägel zur Schalarbeit besteht darin, daß das Entschalen sehr leicht vonstatten geht. Der erste

Kopf preßt den Nagel an das Holz, während der zweite dem Werkzeug für Nagelziehen als Angriffsstelle dient. Daß damit eine Schonung des Schalholzes verbunden ist, liegt auf der Hand. Die zur Verwendung kommenden Nägel sind noch verbesserungsfähig; z. B. könnte der erste Kopf im Durchmesser vorteilhaft etwas größer gehalten sein.

Zweckmäßig und einfach in der Verwendung ist die Einschalzwinge System „Dürr" D. R.-P. Sie besteht aus einem Bandstahl, der zu einem rechten Winkel umgeschlagen wird (Abb. 81). An dem Ende der beiden Schenkel sind längliche Öffnungen vorgesehen, die so angeordnet sind, daß beim Zusammenlegen zweier Zwingen (zu einem Rechteck oder Quadrat) die beiden Öffnungen übereinander zu liegen kommen und mittels Spannkeilen fixiert werden können. Abb. 81 zeigt die Verwendung dieser Zwingen für die Herstellung der Säulen und Trägerschalung.

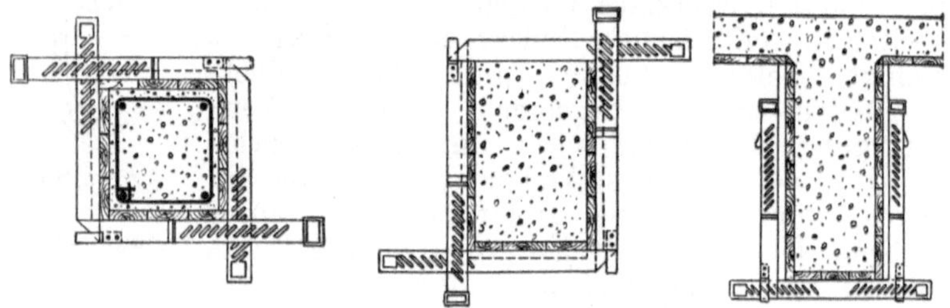

Abb. 81. Einschalzwinge System „Dürr".

Im übrigen geht das Bestreben nach Verbesserung der Schalung in Deutschland parallel mit dem in Österreich. Oftmalige Wiederverwendung wird durch Schaltafeln und Gleitschalung zu erreichen versucht. Da der Eisenpreis in Deutschland niedriger ist als bei uns, so kommen dort auch Versuche mit Schalungen aus Stahl zur Anwendung. Sie sind aber immer auf einen Sonderfall beschränkt.

D. Gerüste.

In Deutschland ist die normal vorherrschende Ausführung des Außengerüstes einfacher als bei uns. Abb. 82 zeigt ein Gerüstschema (Querschnitt). Den besten Einblick in die Anforderungen an die Rüstung geben die Unfallverhütungsvorschriften. Im nachfolgenden werden diese nach den Vorschriften der Magdeburger Baugewerks-Berufsgenossenschaft gebracht. Sie sind gültig ab 1. Jänner 1930, jedoch wurde den Unternehmern eine Frist bis

31. März 1930 gestellt, damit sie sich an die neuen Bestimmungen anpassen können.

„VI. Rüstungen.

§ 45. Allgemeines.

1. Je nach Art der auszuführenden Arbeiten und der Beanspruchung sind zweckentsprechende Rüstungen nach fachmännischen Grundsätzen in genügender Festigkeit, Breite und in ausreichendem Umfang zu verwenden.

2. Die Entfernung der Rüst- und Streichstangen, Netzriegel und sonstiger Gerüstteile voneinander und ihre Stärke sind nach der zu erwartenden Belastung und Beanspruchung zu bemessen, Schalbretter dürfen zur Herstellung von Rüstungen nicht verwendet werden.

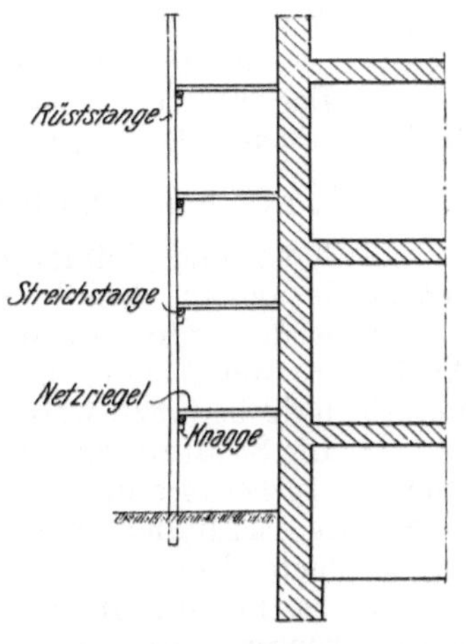

Abb. 82. Außengerüst.

3. Die Gerüste dürfen vor vollständiger Fertigstellung nicht in Gebrauch genommen werden.

4. Arbeitsböden und Schutzbeläge sind gegen Herabwehen zu sichern.

5. Gerüste sind in angemessenen Zeiträumen, außerdem nach längeren Arbeitsunterbrechungen, Sturm oder längerem Regen- und Schneewetter zu prüfen.

6. An Regenabfallröhren, Rohrschellen, Fenstern, Blitzableitern und anderen nicht sicheren Gegenständen dürfen Gerüste nicht befestigt werden. Lose Ziegelsteine u. dgl. dürfen als Unterlagen für Gerüste nicht benützt werden.

7. Beim Auf- und Abbau von Gerüsten, Absteifungen usw. dürfen im Gefahrbereich nur die Versicherten beschäftigt werden oder sich dort nur die aufhalten, die mit diesen Arbeiten unmittelbar zu tun haben.

Anmerkung: Alle Arbeitsgerüste müssen, auch wenn sie nur zu Putzarbeiten benützt werden, mindestens 1 m im Lichten breit sein.

Die Entfernung der Standbäume darf bei Rüstungen, von denen aus gemauert wird, 2,50 m nicht überschreiten. Für Rüstungen über breitere Einfahrten sind entsprechend starke Hölzer zu verwenden.

§ 46. Standgerüste.

1. Bei Neubauten und Umbauten sind Standgerüste an den Außenseiten der Umfassungswände aufzustellen, wenn in einer Höhe von 7 m oder mehr gearbeitet werden soll. Diese Gerüste sind je nach dem Fortschreiten des Baues hochzuführen.

2. Bei Bauten mit Außenmauern von mehr als 7 m Höhe, bei welchen das Dach unmittelbar die Raumdecke bildet (Hallen, Säle usw.), müssen auch im Innern mit der Höherführung der Außenwände Standgerüste aufgestellt werden, sofern nicht eine Schutzabdeckung nach § 70, Abs. 3, angebracht ist.

3. Wo die Aufstellung eines Standgerätes sehr erschwert ist, muß ein Auslegergerüst als Fanggerüst angebracht werden.

4. Der oberste Gerüstbelag der Stand- und Auslegergerüste darf nicht tiefer als 4 m unter der jeweiligen Arbeitsstelle liegen.

§ 47. Fang- und Schutzgerüste, Schutzdächer.

1. Fang- und Schutzgerüste sowie Schutzdächer müssen so angebracht werden, daß Versicherte oder Gegenstände nicht über sie hinausfallen oder sie durchschlagen können. Sie dürfen zur Ausführung von Arbeiten, zum Stapeln von Baustoffen und zum Verkehr nicht benutzt werden.

2. Die Schutzdächer müssen genügend breit, nach dem Bau oder der zu berüstenden Wand zu geneigt und nach außen mit einem genügend hohen Bordbrett versehen sein. Als Belag dürfen nur gesäumte Bretter von genügender Stärke verwendet werden.

3. In Fällen, in denen Schutzgerüste nicht angebracht werden können, sind die Versicherten gegen Absturz und die unten verkehrenden oder arbeitenden Personen gegen herabfallende Gegenstände in anderer Weise (z. B. durch Fangnetze, Sprungtücher) zu schützen.

4. Bei Standgerüsten, auf denen gearbeitet wird und die mit Baustoffen belastet werden, muß die nächst tieferliegende Gerüstlage ebenfalls dicht abgedeckt sein, sofern die Arbeitsstelle sich 5 m oder mehr über dem Boden befindet.

6. Der senkrechte Abstand der einzelnen Gerüstlagen darf in der Regel nicht über 2 m betragen.

§ 48. Rüststangen.

1. Rüststangen müssen durch Eingraben in die Erde, Verzapfen auf Holzunterlagen oder in anderer Weise so befestigt

werden, daß sie weder einsinken, ausweichen noch sonst ihre Lage verändern können.

2. Beim Zusammentreffen von Gerüsten an Ecken ist eine Eckstange aufzustellen.

§ 49.

1. Wird eine Rüststange durch eine zweite (Pfropfstange) verlängert, so müssen sich beide ausreichend, mindestens aber 2 m überdecken. Die Pfropfstange ist mit der Rüstung sicher zu verbinden. Die Taue, Drahtseile, Ketten u. dgl. sind bei diesen Verbindungen, wie überhaupt beim Gerüstbau, durch starke Nägel, Haken, Klammern oder ähnliche Vorrichtungen gegen Herabrutschen zu sichern.

2. Die Pfropfstange muß auf einer danebengestellten Doppelstange oder auf einem sonst gut unterstüzten Gerüstteil stehen.

§ 50. Streichstangen.

1. Die Streichstangen müssen an den Rüststangen befestigt, außerdem entsprechend ihrer Belastung durch Knaggen, Eisenklammern oder Steifhölzer (Bolzen) unterstützt werden und bis zum Abrüsten in ganzer Länge am Gerüst verbleiben.

2. Freischwebende Stöße von Streichstangen sowie überstehende, freitragende Gerüstflächen sind verboten.

Anmerkung: Beim Weiterrüsten müssen, wenn die Stockwerkshöhen nicht ein geringeres Maß bedingen, die Streichstangen alle 5 m bis zum Abrüsten in der ganzen Längenausdehnung fest belassen werden.

§. 51. Vorkehrungen gegen Verschiebung der Gerüste.

1. Die Gerüste sind mit dem Bauwerk zu verankern; ist dies nicht möglich, so sind freistehende Gerüste zu errichten.

2. Längs- und Querverschiebungen müssen durch Verstrebungen (Verschwertungen), die bis zum Abrüsten zu verbleiben haben, verhütet werden.

§ 52. Netzriegel.

Netzriegel (Hebel) müssen einstämmig sein, sicher gelagert werden und in ihren Auflagern so ruhen, daß sie sich nicht verschieben, herausziehen oder drehen können; im Mauerwerk müssen sie mindestens einen halben Stein tief aufliegen. Das

Auflagern auf ausgekragten und nicht tragfähigen Bauteilen ist verboten. Am Ende der Streichstangen aufliegende oder freiliegende Netzriegel sind mit den Streichstangen zu verbinden.

§ 53. Rüstbretter, Gerüstbelag.

1. Rüstbretter müssen gesäumt, der Belastung entsprechend stark und dürfen nicht in ihrer Tragfähigkeit geschwächt sein. Die Bretter sind dicht aneinander und so zu verlegen, daß sie weder wippen (aufschnappen) noch ausweichen können.

2. Jede zur Arbeit oder Lagerung benutzte Gerüstlage muß bis an die inneren Rüststangen oder, wenn diese fehlen, möglichst bis an die Mauer mit Brettern abgedeckt werden.

3. Unter jedem Stoß des Gerüstbelages müssen entweder zwei Riegel dicht nebeneinander angebracht werden oder die Rüstbretter müssen einander genügend überdecken und auf einem Riegel aufliegen.

§ 54. Schutzgeländer, Bordbretter.

Gerüstlagen in Höhe von mehr als 2 m über dem Boden sind dort, wo Absturzmöglichkeit besteht, mit Schutzgeländern und Bordbrettern zu versehen. Dasselbe gilt für die Öffnungen in den Gerüstlagen für Fahr- und Laufgerüste, Laufbrücken, freiliegende Treppenläufe, Treppenabsätze und Leiteraustritte. Die Schutzgeländer sind in 1 m Höhe über dem Gerüstbelag anzubringen.“

Wesentlich schärfer und eindeutiger sind die Vorschriften der Baupolizei Berlin. Zur klaren Stellungnahme über die Möglichkeit der Vereinfachung unserer Gerüste ist es notwendig, auch diese Vorschriften hier anzuführen, wie sie seit 1. Oktober 1930 in Gültigkeit stehen.

„Stangengerüste.

§ 17.

1. Vor der Aufstellung gewöhnlicher Stangengerüste ist dem Baupolizeiamte Anzeige zu erstatten. Die Aufstellung befahrbarer Stangengerüste unterliegt der Genehmigung und der Abnahme durch das Baupolizeiamt.

2. Stangengerüste müssen, auch wenn sie nur zu Putzarbeiten benützt werden, mindestens 1,25 m im L. breit sein.

3. Der Bindedraht muß mindestens 3,6 mm stark und aus 7 bis 9 geglühten, verzinkten oder geteerten Einzeldrähten zusammengedreht sein. Jutestricke dürfen nicht verwendet werden.

4. Über die oberste Verankerung darf das Gerüst nicht mehr als 3 m hinausragen.

5. Bei Aufstellung von Windevorrichtungen sind die Gerüste entsprechend stark herzustellen.

§ 18. Standbäume, Spießbäume.

1. Die Standbäume (Spießbäume) müssen an der obersten Verbindung mit der Streichstange einen Durchmesser von mindestens 10 cm haben. Sie sind in der Regel mindestens 1 m tief, mit Neigung nach der Gebäudefront einzugraben und gegen Einsinken durch feste Unterlagen (Bohlenstücke, Steine u. dgl.) zu sichern. Die Entfernung der Standbäume voneinander darf höchstens 3 m betragen, wenn nicht Verstärkungen vorgenommen werden.

2. Beim Zusammentreffen von Gerüsten an Gebäudeecken ist eine Eckstange aufzustellen.

3. Wird ein Standbaum durch einen zweiten (Pfropfstange) verlängert, so müssen sich beide ausreichend, mindestens aber 2 m überdecken und mindestens zweimal durch Bindedraht, Hanfstricke o. dgl. verbunden werden.

4. Die Pfropfstangen müssen, wenn keine Doppelstangen gestellt sind, ihren Stand auf einer Streichstange haben. Bei Mauergerüsten muß die Streichstange bis zum Erdboden abgesteift werden, bei Putzgerüsten genügt Unterstützung der Streichstangen durch mindestens 3 cm starke Knaggen.

§ 19. Streichstangen.

1. Die Streichstangen müssen am Zopfende eine Stärke von mindestens 8 cm, an der Verbindung mit dem ersten Standbaum eine Stärke von 10 cm haben.

2. Die Streichstangen sind an den Standbäumen mit Bindedraht oder dgl. sicher zu befestigen. Bei Maurergerüsten sind sie außerdem durch Steifen, bei Putzgerüsten durch Knaggen von mindestens 3 cm Stärke zu unterstützen.

3. Der senkrechte Abstand der Streichstangen, die bis zum Abrüsten in ganzer Länge am Gerüst verbleiben müssen, darf nicht mehr als 4,5 m voneinander betragen.

4. Die Stoßenden der Streichstangen müssen mindestens 1 m übereinandergreifen und zweimal unter sich und einmal mit den Standbäumen befestigt werden. Freischwebende Stöße sowie überstehende, freitragende Gerüstteile sind verboten.

§ 20. Verankerung, Verstrebung.

1. Die Stangengerüste sind mit dem Gebäude durch Taue, Drahtseile oder dgl. zu verankern. Diese Verankerungen dürfen in waagrechter Richtung nicht mehr als 9 m, in senkrechter nicht mehr als 7 m voneinander entfernt sein.

2. Über die ganze Gerüstansichtsfläche ist eine fortlaufende kreuzweise Verstrebung möglichst unter 45° anzubringen. Die Streben sind an den Standbäumen und an allen Kreuzungspunkten sicher zu befestigen und dürfen erst beim endgültigen Abrüsten entfernt werden.

3. Als Streben sind bei Maurergerüsten Gerüststangen zu verwenden, bei Putzgerüsten genügen 3 cm starke Bretter.

§ 21. Netzriegel.

1. Netzriegel müssen einstämmig sein und in ihren Auflagern so ruhen, daß sie nicht verschoben, gedreht oder herausgezogen werden können. Im Mauerwerk müssen sie mindestens $^1/_2$ Stein tief aufliegen.

2. Netzriegel, die in eine Maueröffnung treffen, müssen auf Querriegel verlegt werden, die erforderlichenfalls durch Steifen zu unterstützen und gegen seitliches Verschieben zu sichern sind.

3. An beiden Enden freiliegende Netzriegel sind mit den Streichstangen fest zu verbinden.

4. Die Netzriegel sind bei Maurergerüsten nicht weiter als 0,8 m, bei Putzgerüsten nicht weiter als 0,9 m, von Mitte zu Mitte gerechnet, voneinander zu verlegen.

5. Bei Maurergerüsten bis 2 m Tiefe sind Netzriegel von mindestens 12 cm Stärke zu verwenden. Bei Putzgerüsten bis zu 1,5 m Gerüsttiefe genügen Netzriegel von 10 cm, bei größerer Gerüsttiefe sind solche von mindestens 12 cm Stärke zu verwenden.

§ 22. Steifen.

Bei Maurergerüsten müssen die Streichstangen in jedem Gerüstfeld durch eine Mittelsteife, die oben und unten anzunageln ist, unterstützt werden.

§ 23. Höchstbelastungen.

1. Für Maurergerüste (§ 21, Ziff. 4 und 5) darf die Höchstbelastung für 1 m² Fläche des Arbeitsbodens 300 kg, gleichmäßig verteilt, nicht überschreiten. (Zwischen zwei Standbäumen —

Abb. 83. Berliner Maurergerüst.

Gerüstfeld — 150 Steine, 1 Kasten Mörtel, 1 Steinträger und zwei Maurer.)

2. Für Putzgerüste (§ 21, Ziff. 4 und 5) darf die Höchstbelastung für 1 m² Fläche des Arbeitsbodens 200 kg — gleichmäßig verteilt — nicht überschreiten. (Zwischen zwei Standbäumen — Gerüstfeld — 2 Kasten Mörtel, 1 Mörtelträger und zwei Putzer.)"

Aus diesen Vorschriften ersieht man, daß bei Anwendung unserer Arbeitsmethoden: „Mauern vom Gerüst aus" in Berlin die gleichen strengen Gerüstvorschriften gelten wie bei uns. Will man daher bei uns die Unterstützung der Streichstangen durch Bolzen oder Stempel, wie jetzt überall üblich, vermeiden, dann muß man zum „Mauern über die Hand" übergehen. Es sei hier erwähnt, daß es in Österreich üblich ist, Netzriegel nur neben jeder Langtenne (Rüststange), von Steifen getragen, anzubringen. Über diese werden parallel zur Gerüstflucht drei Streichstangen gelegt. Damit die Gerüstpfosten in voller Länge von 4 m aufgelegt werden können, ruhen sie auf Spachteln, Pfosten von 4 bis 5 cm Stärke, die quer über die Streichstangen gelegt werden. Diese Art der Ausführung erscheint mir praktischer als das Berliner Mauergerüst. Abb. 83 zeigt ein Stangengerüst aus Berlin, das ähnlich unserem Langtennengerüst ausgebildet ist, da es auch während der Maurerarbeit benützt wurde. Von besonderem Interesse an diesem ist noch, daß wegen Mangel an Platz eine Kragkonstruktion im ersten Stock das übrige Gerüst tragen mußte.

Eine besondere Konstruktion zeigt das Hamburger Gerüst. Aus Abb. 84 bis 86 geht die Ausführungsart klar hervor. Für Gerüststangen wird Schnittholz verwendet, die Streichstangen sind durch starke Pfosten ersetzt, die mit geschmiedeten schwedischen Nägeln an den Rüststangen befestigt werden; die Streichstangen werden durch Knaggen, die in gleicher Art angebracht sind, unterstützt (Abb. 86). Das Gerüst wird durch Mauermaterial stark belastet, wie Abb. 84 zeigt. Voraussetzung für die Anwendbarkeit dieses Gerüstes ist die Verwendung von gesundem Holz. Da dieses Gerüst sehr rasch aufgestellt ist, wird es bei günstigen Schnittholzpreisen wirtschaftlich zweckmäßig sein.

In Deutschland ist die Gerüstfrage noch nicht einheitlich geregelt. Man ist dort eben im Begriff, aus den verschiedenen zur Verwendung gelangenden Gerüsten die besten Konstruktionen abzuleiten. Es handelt sich hier um eine Frage, die wegen

Abb. 84. Hamburger Gerüst.

Abb. 85. Hamburger Gerüst.

Abb. 86. Hamburger Gerüst.

der Wirkung auf die Baukosten und wegen der Unfallsgefahr einer besonders vorsichtigen Behandlung bedarf.

Von Spezialgerüsten hat die Torkretgesellschaft, Berlin, in Deutschland das Stahlrohrgerüst eingeführt. Abb. 87 zeigt dessen außerordentlich vielseitige Verwendbarkeit bei einem Umbau in Berlin. Für die Ausführung von Skelettbauten verwendete die Torkretgesellschaft die sogenannte Schnellbaurüstung (ein Hängegerüst). Sie besteht aus einzelnen Gerüstrahmen, in die je zwei Winden eingebaut werden. Diese Rahmen sind auf Eisenkonsolen aufgehängt und durch Bohlen zum Gerüst verbunden. Der Rahmen kann so ausgebildet werden, daß auch noch ein Schutzdach über dem Arbeitsgerüst angebracht werden kann. Abb. 88 zeigt die Verwendung einer Schnellbaurüstung beim Haus Grenzwacht in Aachen.

E. Baumaschinen.

Im deutschen Hochbaubetrieb ist die Verwendung von Maschinen dem Umfang nach stark wechselnd. Man trifft Baustellen mit sparsamem Maschineneinsatz und kommt zu großen Baustellen, an welchen die Mechanisierung als Ideal erstrebt wird.

Zur Durchführung des Erdaushubes wird bei Hoch-

Abb. 87. Torkret Stahlrohrgerüst.

bauten vornehmlich menschliche Arbeitskraft verwendet. Bei langausgedehnten Baustellen wird das Erdreich vielfach mit Pflügen gelöst. Auf einigen Hochbaustellen sieht man auch Bagger, deren Wirtschaftlichkeit nicht immer gegeben sein dürfte. Zum Fördern

Abb. 88. Anwendung des Torkret Schnellgerüstes: Haus Grenzwacht, Aachen.

bedient man sich der Schubkarren oder der Rollbahn. Zur Hochförderung des Erdreiches werden Baugrubenaufzüge und in neuerer Zeit besonders stark das Transportband verwendet.

Die Mörtelerzeugung erfolgt meist in kleinen Trommelmischmaschinen, wie z. B. „Rifi" der Allgemeinen Baumaschinengesellschaft Leipzig, also ziemlich ähnlich unserem Baubetrieb. Handmischung des Mörtels sieht man nur selten. In den großen Städten wird der Mörtel vielfach fertig zur Baustelle gebracht. Als Transportmittel für die Hochförderung der Baustoffe wird sehr stark der Schwenkkran verwendet, der einfach auf einer Rüststange (Langtenne) befestigt ist. Aufzüge mit Plattform werden ebenfalls verwendet. Sie werden entweder mit der Traglast oder mit dem Fahrmittel samt Baustoff beladen. Die Beladung mit der Traglast erweist sich in Deutschland als wirtschaftlich, da diese viel höher als bei uns liegt. Bei der bei uns üblichen Nutzlast von 50 bis 60 kg per Träger wird eine wirtschaftliche Verwendung bei großen Bauten nicht leicht zu erreichen sein. Unter den Plattformaufzügen sind die nur auf einer Seite geführten vorherrschend, welche etwa dem Typ des bei uns vielfach üblichen Schnellaufzuges „Bob" der Allgemeinen Baumaschinengesellschaft entsprechen. Vielfach findet man ähnliche Aufzugstypen, deren Plattform eingeschwenkt wird. Der Vorteil besteht darin, daß kein Aufzugsturm benötigt wird; dagegen steht der Nachteil geringerer Leistungsfähigkeit und die Tatsache, daß beim Einschwenken die Gefahr von Unglücksfällen vorhanden ist, wenn man nicht sehr geschulte Arbeiter hat. Als weiterer Vorteil dieser einschwenkbaren Aufzüge ist jedoch der Umstand zu werten, daß man bei geeigneter Herstellung des Gerüstes und Aufstellung des Aufzuges auch sperrige Güter aufziehen kann. In Verbindung mit den nicht einschwenkbaren Aufzügen können sie mit Nutzen dort verwendet werden, wo Massivdecken herzustellen sind.

Als weit verbreitete Hebezeuge findet man in Deutschland die Turmdrehkrane. Sie sind in der Tat ein ideales und wirtschaftliches Fördermittel, wenn es sich um große Baublöcke handelt, die herzustellen sind, da sie nicht nur die Hoch-, sondern auch zum Großteil die Horizontalförderung leisten. Daß diese Maschinen in Deutschland sehr große Anwendung finden, hat seine Begründung in dem Vorherrschen großer Baustellen. Die Firma Wayss & Freytag A. G., Frankfurt a. M., verwendet, um den Beton mittels des Turmdrehkranes auch verteilen zu können, die Betonpfeife (D.-R.-P.), eine Erfindung ihres maschinentechnischen Direktors Gerhard. An einem Betonbehälter aus Stahl ist eine Gießrinne fest angeschlossen; daher der Name Betonpfeife. Der Behälter wird an der Mischmaschine mit Beton gefüllt; dann wird die Betonpfeife mittels des Turmdrehkranes gehoben. Durch Öffnen des Behälters wird der Beton mittels der Gießrinne verteilt. Diese Erfindung erweitert in wert-

Abb. 89. Betonpfeife.

Abb. 90. Betonpfeife auf Förderwagen.

voller Weise die Verwendung des Turmdrehkranes (Abb. 89 und 90).

Die Herstellung des Betons erfolgt in Deutschland im allgemeinen ebenso wie bei uns, so daß hier kein Unterschied vorhanden ist. Mit Gießtürmen und Gießmasten wird noch viel gearbeitet, doch sinkt die Wertschätzung des Gießbetons in Deutschland. Eine besondere Entwicklung der Betonherstellung und Förderung findet man bei den Flachbausiedlungen, wie sie durch die Abb. 91 und 92 dargestellt ist. Auf dem Bild 91 sieht man zwei Transportbänder, das eine für Kiessand, das zweite für Schlacke, die ihr Fördergut an eine Regulus-Mischmaschine (eine ununterbrochen arbeitende) abgeben. Das in der Maschine gemischte Betonmaterial wird, wie das Bild 92 deutlich zeigt, mittels eines Förderbandes in den ersten Stock befördert, wo die weitere Verteilung durch Schiebekarren erfolgt. Auf diesem Bild ist auch deutlich die aus Tafeln bestehende Schalung zu erkennen. Bei großen Baustellen ist diese Art der Betonherstellung und Förderung sicher sehr wirtschaftlich.

Eine grundlegende Erfindung auf dem Gebiete der Betonförderung stellt die in Deutschland erfundene B e t o n p u m p e dar, die von der Torkretgesellschaft in Berlin hergestellt wird. Der in einer Mischmaschine hergestellte Beton fällt in einen Silo der Pumpe, von dem er durch ein Rührwerk der Kolbenpumpe zugeführt wird, deren Hubvolumen 4,5 Liter beträgt; bei jedem Hub werden ungefähr 3 Liter Beton gefördert (Abb. 93). Die Tourenzahl der Pumpe beträgt 40—60 jede Minute; als Kraftbedarf wird 15—20 PS angegeben. Die weitere Förderung des Betons geschieht durch (aus 2 oder 4 mm starkem Stahlblech hergestellte) Rohre (Abb. 94), deren Schnellkuppelung mittels Gummi gedichtet wird. Die dünnen Rohre wiegen 30 kg per 3 m, die starken 50 kg. Die Abb. 95 und 96 zeigen das Ausfließen des Betons, der „weichbreiig-zähflüssig“ oder „steifbreiig-plastisch“ ist. Die notwendige Kornzusammensetzung des Kiessandgemenges wird von der Torkretgesellschaft wie folgt angegeben (rundes Lochsieb):

0—0,2	mm mindest	8%
0—1	„ ungefähr	25%
0—7	„	65%
0—25	„	85%
0—40	„	100%

Abb. 91. Beschickung einer Betonmischmaschine durch zwei Förderbänder.

Abb. 92. Betontransport durch Förderband.

Abb. 93. Betonpumpe.

Abb. 94. Rohr für Betonpumpe.

Abb. 95. Pumpbeton **weichbreiig-zähflüssig.**

Abb. 96. Pumpbeton **steifbreiig-plastisch.**

Der Wasserzusatz ist geringer als beim Gußbeton. Die mögliche Förderhöhe beträgt 40 m und Förderweite 100 m. Die Stundenleistung wird mit 8 m^3 festem Beton angegeben.

Als besonderer Vorteil der Betonpumpe ist der Umstand hervorzuheben, daß der Beton von gleichbleibend hoher Festigkeit ist. Versuche bei der Kläranlage Stahnsdorf bei Berlin haben bei Entnahme des Betons am Ende der Rohrleitung (bei 300 kg Zement und 125 kg Traß per Kubikmeter fertigen Beton) Festigkeiten von 202—205,5 kg/cm^2 ergeben. Bei Entnahme des Betons vor der Pumpe wurden Druckfestigkeiten von 170,75 bis 195,25 kg, im Mittel 185 kg festgestellt. Der zweite Versuch zeigte also eine große Streuung und ergab demzufolge auch einen ungleichmäßigen Beton. Im Durchschnitt läßt sich durch die Förderung mit den Betonpumpen eine Erhöhung der Druckfestigkeit um 10% feststellen. An der gleichen Baustelle wurden auch Parallelversuche mit Gußbeton gleicher Zement- und Traßmenge gemacht; hiebei ergab sich eine mittlere Festigkeit von 168 kg. Die Festigkeit des Pumpenbetons ist daher im Mittel um 20,3% größer als beim Gußbeton. Beim Pumpenbeton war bei diesen Versuchen der Wasserzement-Faktor 0,74 bis 0,59 gegenüber 1 bis 0,79 bei Gußbeton. Die großen Schwankungen des Wasserzementfaktors sind durch die Versuche an sich bedingt gewesen.

Der in Abb. 83 (Seite 95) dargestellte Betonskelettbau wurde von der Firma Wayss & Freytag A. G. ebenfalls mit Hilfe der Betonpumpe hergestellt. Abb. 97 zeigt noch die Gegenüberstellung der Baustelleneinrichtung mit Gußbetonanlagen und Betonpumpe.

Der Preis der Betonpumpe beträgt ungefähr 10.000 Reichsmark, der der Rohrleitung ungefähr 30 Reichsmark per Meter. Es ist begreiflich, daß bei einer solchen neuen Konstruktion, wie die Betonpumpe sie ist, Kinderkrankheiten zu überwinden sind. Insbesondere muß die Frage der Kornzusammensetzung und des Wasserzusatzes genau geklärt werden. In Hamburg hat ein Versuch z. B. deshalb fehlgeschlagen, weil dort dem Kiessandgemenge das feine Material unter 0,4 mm fehlte; man hat dies durch gemahlenen Ton zu ersetzen versucht, jedoch ohne Erfolg. Auch bei den Arbeiten in Berlin ergaben sich noch Störungen. Da jedoch in dieser Stadt die Torkretgesellschaft ihren Sitz hat, waren Reparaturen rasch durchzuführen und es ist zu erwarten, daß die nunmehr gemachten Erfahrungen wesentlich zur Überwindung der Kinderkrankheiten beigetragen haben. Man kann daher mit Sicherheit hoffen, daß die Betonpumpe bald eine voll-

Abb. 97. Vergleich zwischen Gußbetonanlage und Betonpumpe.

wertige und sicher arbeitende Fördermaschine darstellen und ihre Einführung eine umwälzende Wirkung auf dem Gebiete des Betonbaues hervorrufen wird. Vor allem ist hervorzuheben, daß man mit dieser Maschine nur guten Beton herstellen können wird, ein Gewinn, der nicht hoch genug in Anschlag zu bringen ist. Selbstverständlich wird die Verwendung lohnend nur auf größeren Baustellen erfolgen können, da sich die billigere Förderung nur dort günstig auf die Preisbildung und auf den Arbeitsfortschritt auswirken kann. Ergänzend sei noch mitgeteilt, daß mit der

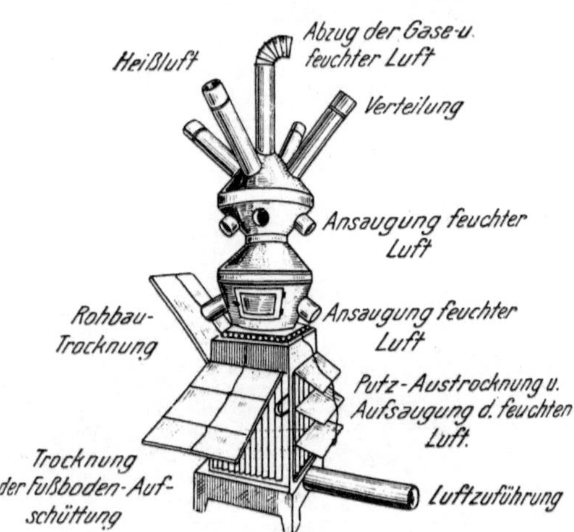

Abb. 98. „Deob"-Bautrockner.

Betonpumpe in Deutschland schon eine große Zahl von Bauwerken hergestellt wurde.

Abb. 98 zeigt einen Bauaustrockner (D.-R.-P.) der Firma C. Richard Kunze, Leipzig, der als äußerst wertvoll bezeichnet werden muß.

Gemeinschaftsarbeit.

Wie noch allgemein in Erinnerung ist, wurden nach dem Kriegsende alle möglichen Sparbauweisen angepriesen. Um aus der Vielheit diejenigen auszuwählen, die allgemeinen Wert haben, wurde im Jahre 1920 der „Deutsche Ausschuß für wirtschaftliches Bauen“ (e. V.) gegründet, der seither ohne Unterbrechung unter der Leitung des Regierungsbaurates Rudolf Stegemann, Leipzig, steht. Dieser Ausschuß hat sein Arbeitsgebiet später erweitert und betreut und erforscht heute das gesamte Gebiet des Hochbaues. Durch jährliche Tagungen an verschiedenen Orten Deutschlands — eine fand 1929 auch in Wien statt — und durch Herausgabe der Schriftreihe „Vom wirtschaftlichen Bauen“ hat er seine Aufgabe bisher in mustergültiger Weise erfüllt und viel zur Erkenntnis eines guten und wirtschaftlichen Bauens beigetragen.

Im Jahre 1927 wurde die „Reichsforschungsgesellschaft für Wirtschaftlichkeit im Bau- und Wohnungswesen E. V.“ in Berlin gegründet. Sie bezweckt, höchste Wirtschaftlichkeit im Bau- und Wohnungswesen zu vermitteln und zu verbreiten. Für ihre Forschungsaufgaben wurden aus öffentlichen Mitteln 10,000.000 Reichsmark zur Verfügung gestellt. Eine große Zahl von Veröffentlichungen gibt Zeugnis von ihrer erfolgreichen Tätigkeit. In einer großen Anzahl von Ausschüssen werden alle mit dem guten und wirtschaftlichen Bauen in Zusammenhang stehenden Fragen behandelt und einer Klärung zugeführt, soweit dies nach unserer heutigen Erkenntnis möglich ist.

Für den handwerksmäßigen Baubetrieb hat das „Deutsche Handwerksinstitut, Hannover“ (ehemals „Forschungsinstitut für rationelle Betriebsführung im Handwerk E. V.“), wertvolle und bedeutsame Arbeit geleistet; das Organ des „Deutschen Handwerksinstitutes“ ist die Zeitschrift „Betriebsführung“, Verlag G. Braun, Karlsruhe i. B.

Als besonders begrüßenswert ist in Deutschland die Einrichtung der Beratungsstellen durch die einzelnen Baustofferzeuger zu erwähnen. Der Gedanke „Dienst am Kunden" bricht sich Bahn und ist bei Baustoffen besonders wichtig, da nur bei sachgemäßer Verwendung Fehlschläge vermieden werden können.

Daß die Baunormung ein wesentliches Glied der Gemeinschaftsarbeit ist, sei hier nur der Vollständigkeit halber erwähnt.

Als Beispiel für die Gemeinschaftsarbeit in Deutschland seien auch noch die Lehrlingsschulen des Reichsverbandes industrieller Bauunternehmungen (Ribau) genannt. Der Reichsverband unterhält solche in mehreren großen Städten, in welchen Betonfacharbeiter sowohl durch Unterricht als auch durch praktische Arbeit herangebildet werden. Bei dem großen Einfluß der Arbeit auf die Güte der Betonbauten kann diese Einrichtung nur wärmstens begrüßt und zur Nachahmung empfohlen werden.

Auch in Österreich sind wertvolle Ansätze einer Gemeinschaftsarbeit vorhanden. In erster Linie sei hier der Arbeitsausschuß für Bauökonomie und Wohnungswesen (Zusammensetzung siehe Seiten 9—10) des österreichischen Kuratoriums für Wirtschaftlichkeit, Wien, zu erwähnen. Die segensreiche Tätigkeit der österreichischen Baunormung (ÖKW-Arbeitsstelle: Österreichischer Normenausschuß für Industrie und Gewerbe, Wien, III., Lothringerstraße 12; siehe ÖKW-Veröffentlichung 6) wird allgemein anerkannt. Wenn wir in Österreich Gemeinschaftsarbeit leisten, dann müssen wir wissen, daß wir als kleines und armes Land nicht jene Geldmittel haben, die notwendig wären, um die bezüglichen Arbeiten in einem raschen Tempo durchzuführen. Wir müssen daher auf lange Sicht arbeiten und uns alle Erfahrungen, die in anderen Staaten gemacht wurden, zunutze machen, um dadurch bei unseren Arbeiten an Kosten zu sparen. Nicht verzichten kann jedoch eine erfolgreiche Gemeinschaftsarbeit auf Mitarbeit aller berufenen Fachkreise. Das Aufgabengebiet ist ein zu umfangreiches, als daß es durch wenige Freiwillige bearbeitet werden könnte.

Der Gedanke, daß nur durch Gemeinschaftsarbeit wirkliche Erfolge erzielt werden können, ist heute so allgemein, daß er nicht noch weiter betont werden muß. Wir hegen nur den Wunsch. daß der Erkenntnis in allen Kreisen auch die Tat der Mitarbeit und der Förderung folgen möge.

Vergleich der Baukosten in Deutschland und Österreich.

Bei vergleichenden Untersuchungen über die Baukosten zweier Staaten muß vorweg bemerkt werden, daß eine exakte Vergleichsmöglichkeit leider fast nie gegeben ist. Viele Umstände spielen hier mit, die zu einer Verschiebung der Kosten der Zeit nach führen. Wollten wir den Faktor Zeit bei den Baukosten ausschalten, so dürfte man die Baukosten nur dann vergleichen, wenn die Verhältnisse der Baukonjunktur dieselben sind. Gleicher Beschäftigungsgrad des Baugewerbes wäre also die erste Voraussetzung für einen exakten Vergleich. Um ein halbwegs richtiges Bild zu erhalten, müßte noch eine zweite Bedingung erfüllt sein: die zwei gleichen Konjunkturen der Vergleichsländer dürften zeitlich nicht viel voneinander entfernt sein. Die Preisbildung eines jeden Landes hängt schließlich und endlich doch in einem gewissen Grad mit dem Weltmarkt zusammen, so daß sich auch aus zeitlichen Verschiebungen der Konjunkturwelle in zwei benachbarten Ländern Preisunterschiede ergeben können. Wenn wir schließlich noch den Preisvergleich für fertige Bauwerke etwa nach dem Kubikmeter umbauten Raumes vornehmen, so müssen wir stets bedenken, daß die Anforderungen der Bevölkerung an eine Wohnung in den verschiedenen Ländern verschieden sind, was sich aus Lebensgewohnheiten und klimatischen Verhältnissen erklärt.

Am besten bekommt man ein Bild über die verschiedenen Preisverhältnisse zweier Staaten durch den Vergleich der Arbeitslöhne und der Baustoffpreise. In Zahlentafel XIV geben wir eine Zusammenstellung über Bauarbeiterlöhne und Baustoffe frei Baustelle in Deutschland und Österreich. Es kann sich hier nur um Durchschnittswerte handeln, da ja die Lage der Baustellen eine verschiedene ist und deshalb wegen der Zufuhrkosten die Preise selbst in einem Stadtgebiete schwanken. Für einen Überblick ist diese Methode der Materialpreisvergleichung zulässig. Würde man die Preise ab Erzeugungs-

XIV. Stundenlöhne und Baustoffdurchschnittspreise frei Baustelle am 1. Juli 1930 in RM.

	Berlin	Breslau	Dresden	Düsseldorf	Frankfurt a. M.	Hamburg	Königsberg	München	Stuttgart	Wien	Graz
Maurerstunde . . .	1.54	1.27	1.37	1.35	1.36	1.56	1.26	1.38	1.33	—.99	—.86
Handlangerstunde .	1.27	1.04	1.13	1.12	1.13	1.29	1.04	1.14	1.10	—.76	—.60
100 kg Portlandzement	5.—	5.30	5.25	4.80	5.50	5.10	6.80	5.80	5.80	5.—	5.20
1 m³ Mauersand . .	5.90	5.—	5.40	4.60	5.20	4.—	5.30	6.30	8.50	5.90	5.—
1 m³ Putzsand . .	6.90	5.50	5.70	5.—	6.—	6.—	6.50	6.60	12.50	7.60	8.80
1 m³ Betonkies . .	7.50	5.80	7.30	4.80	5.50	7.85	6.20	5.50	10.70	6.80	4.70
1000 Stück Ziegelsteine d. F. . .	52.—	42.—	52.—	43.—	43.—	42.—	53.—	50.—	50.—	44.—	43.—
10 t Stückkalk . .	380.—	340.—	390.—	280.—	300.—	345.—	500.—	350.—	350.—	340.—	305.—
1 m³ Deckenschalholz	60.—	55.—	67.—	68.—	65.—	60.—	60.—	56.—	52.—	43.—	34.—
1 m³ Kantholz . .	65.—	63.—	77.50	78.—	70.—	70.—	65.—	66.—	56.—	46.—	41.—
1 m³ Rundholz . .	38.—	35.—	39.—	35.—	35.—	35.—	36.—	36.—	38.—	25.—	18.—
1 t Trägereisen . .	167.50	171.—	167.—	142.50	146.50	161.50	167.50	160.—	147.50	242.—	235.—
1 t Rundeisen . .	170.50	174.—	170.—	145.50	149.50	164.50	170.50	163.—	150.50	244.—	240.—

stätte nehmen, so wäre damit für einen Preisvergleich noch nichts gewonnen, da man dann Entfernung und Fuhrwerkskosten noch gesondert in Rechnung stellen müßte. Die Aufstellung würde dadurch verwirrt, ohne an Genauigkeit zu gewinnen. Die Preise für die deutschen Städte wurden den Bedingungen für den Reichswettbewerb zur Förderung des wirtschaftlichen Massivdeckenbaues für Wohnhäuser (25) entnommen. Für Wien und Graz wurden sie besonders erhoben. Die Löhne der Arbeiter sind durch Tarif-(Kollektiv-)verträge festgelegt. Die Arbeiterstundenlöhne sind für Wien bzw. Graz: Maurer S 1,68 und S 1,46, für Handlanger S 1,29 und S 1,02. Die Umrechnung in der Zahlentafel erfolgte auf der Grundlage S 1,70 = 1 RM.

Bei Betrachtung der Preistafel fällt uns zunächst der Preisunterschied in den einzelnen deutschen Städten auf. Hier zeigt sich eben deutlich der Einfluß der Art und der Lage der Baustoffvorkommen und der Erzeugungsstätten. Aus diesen Preisunterschieden sind aber auch die örtlichen Verschiedenheiten bei Ausführung von Bauten hinreichend begründet. Immer werden die Preise der Baustoffe für die Art der Bauausführung von Einfluß sein, da doch für den Bauherrn in erster Linie die Kosten maßgebend sind, die aber wieder wesentlich von den Baustoffpreisen abhängen.

Bei Vergleich der deutschen mit den österreichischen Preisen fallen zunächst die höheren Bauarbeiterlöhne in Deutschland auf. Es ist hier wohl nicht notwendig zu betonen, daß der Ziffernvergleich des Lohnes in Reichsmark mit dem Verhältnis des Reallohnes nicht übereinstimmt. Bei Betrachtung der Baustoffpreise sieht man, daß bei den Mörtelbaustoffen und Ziegeln die Preise in Deutschland teilweise niederer oder höher sind. Bei Holz tritt der Preisunterschied zu ungunsten Deutschlands klar in Erscheinung, während umgekehrt die Eisenpreise in Österreich jene in Deutschland weit übersteigen.

Man kann bei Betrachtung der Preise sagen, daß die Baustoffpreise in Deutschland nicht im gleichen Verhältnis wie die Löhne höher sind als in Österreich. Dies hat seinen Grund in der großen Maschinenverwendung bei den Baustoffindustrien und im großen Absatz. Die höheren Löhne werden im Deutschen Reiche also durch die Mechanisierung der Erzeugung mindestens aufgewogen. Hier wirken sich eben bereits deutlich die im Vergleich zu Österreich anders gelegenen Siedlungsverhältnisse Deutschlands aus.

Bei der weiteren Untersuchung der Baukosten müssen wir bedenken, daß man in Deutschland mit 8—9% sozialen Abgaben für den Unternehmer zum betrachteten Zeitpunkt gerechnet hat, während bei uns 11—12% vom Lohn hiefür entfallen. In Deutschland ist die Lohnabgabe eine städtische Steuer, die nicht überall eingehoben wird. Bei uns beträgt sie bekanntlich 4%, in Vorarlberg ist sie etwas niedriger, während sie z. B. in Frankfurt als Lohnsummensteuer mit $1^1/_2$% eingehoben wurde. Die Warenumsatzsteuer betrug zum oben angegebenen Zeitpunkte in Deutschland 0,85% der Bausumme, während sie bei uns bekanntlich 2% beträgt. Wir sehen also, daß durch Steuern und soziale Abgaben der Lohn bei uns in Österreich um rund 5,5—7% höher belastet ist als in Deutschland, so daß sich dadurch die Differenz der Löhne etwas verkleinert.

Beim Vergleich der Baukosten nach umbautem Raum dürfen wir nicht außer acht lassen, daß die Ausführung der Bauarbeiten bei uns mit jener in Deutschland nicht übereinstimmt. Die Holzdecken sind in Deutschland einfacher ausgeführt als bei uns. Die Fenster sind in Deutschland vorherrschend einfach, während bei uns durchgehend Doppelfenster vorkommen. Die Anzahl der Türen einer Wohnung ist in Deutschland meist kleiner als bei uns. Vielfach findet man Herde, die keine Heiztüren haben, bei denen das Einheizen und Nachschüren des Feuers durch die Öffnung der Herdplatte erfolgt. Badezimmer und Klosett sind in Deutschland meist in einem Raum zusammengezogen, während bei uns die Trennung vorgezogen wird. Die Beschläge für Türen und Fenster sind bei den deutschen Wohnhausbauten meistens aus Eisen, während in Österreich Messing vorherrscht. Daß bei Berechnung der Baukosten nach dem Kubikmeter umbauten Raumes sich örtliche Verschiedenheiten ergeben, ist nach den Zahlen der Zahlentafel XIV ohne weiteres begreiflich; daß der Grad des Ausbaues und die Grundrißlösung auf den Kubikmeterpreis von großem Einfluß ist, sei nur der Vollständigkeit halber erwähnt. Während der Studienreise im Herbst 1930 fand ich für den Kubikmeter umbauten Raumes in Deutschland Preise von 25 bis 40 Reichsmark. Allgemein kann gesagt werden, daß der Preis für den Kubikmeter umbauten Raumes in Deutschland etwas unter dem in Österreich üblichen liegt. Wenn wir nur die Lohnhöhe betrachten, ist diese Erkenntnis verwunderlich. Sie wird aber bereits begreiflicher, wenn wir sehen, daß sich die größere Lohnhöhe nicht in den Baustoffpreisen auswirkt, und wenn wir die vielfach einfachere Ausführung der deutschen Bauten beachten. Hinzu kommt aus nachstehend angeführten Gründen noch ein preisverbilligendes Moment in

Deutschland. Durch die zahlreichen Bauten war die größere Baustelle vorherrschend, bei welcher meist strengste Typung vorgesehen war. Da der Bauunternehmer große Aufträge erhielt, so waren seine Unkosten auf der Baustelle verhältnismäßig gering, was sich naturgemäß im Preis günstig auswirken mußte. Durch die strenge Typung ergaben sich für die Tischlerarbeiten und für die Innenausstattung große Aufträge mit gleicher Teilarbeit. Hier konnte die verbilligende Arbeit in der Fabrik (Serienarbeit) besonders zur Geltung gebracht werden.

Bei Betrachtung dieser Umstände erscheint es nicht mehr verwunderlich, daß trotz höherer Arbeitslöhne in Deutschland die Baukosten pro Wohnung billiger sind als bei uns in Österreich. Die gesamten Verhältnisse in Deutschland sind eben anders gelagert als in Österreich, was allein aus der Größe des Wirtschaftsgebietes hinreichend verständlich ist.

Im vorstehenden wurde das Wesentlichste zum Verständnis der verschiedenen Preisgestaltung in Deutschland und in Österreich angeführt. Ein weiteres Eingehen auf dieses Problem soll unterbleiben, weil sich die Verhältnisse in Deutschland durch die Preissenkung stark geändert haben und durch das Einschrumpfen des Bauvolumens nicht mehr mit einer natürlichen Preisbildung gerechnet werden kann, während bei uns die Verhältnisse durch die Wohnbauförderung wenigstens für das laufende Jahr noch nicht zu einem Absinken des Auftragsbestandes führen dürften.

Schlußbetrachtung.

Wenn man die Bauverhältnisse zweier Staaten vergleicht, kommt man zur Überzeugung, daß es sich hier um Dinge handelt, die besondere, zahlengemäß schwer feststellbare Eigenheiten haben. Baustoffvorkommen, Wohngewohnheiten und Anforderung an die Wohnung sind wesentlich bestimmende Elemente für die Vergleichsmöglichkeit der Bauweisen zweier Staaten. Wenn wir besonders die Verhältnisse zwischen Deutschland und Österreich vergleichen, so merkt der Fachmann die gegenseitige Beeinflussung deutlich. Wir haben z. B. in Österreich das deutsche Ziegelformat übernommen, ebenso finden alle Neuerungen, die Deutschland im Bauwesen hervorbringt, sofort den Weg nach Österreich, wenn bei uns hierfür eine Verwendungsmöglichkeit besteht. Wir haben dies im Verlauf unseres Berichtes öfters mitteilen können und wollen hier ergänzend noch hinzufügen, daß Zellenbeton durch M. Neumann & Co., Wien, und Schimagasbeton von Mayreder, Krauss & Co., Wien, bzw. durch Mayreder, Keil, List & Co., Graz, die die Lizenzen zur Auswertung der Patente erworben haben, in Österreich eingeführt ist. Hochofen-Kunstbims soll in der nächsten Zeit durch die Alpine Montangesellschaft hergestellt werden. Wir hätten dann wenigstens einen künstlich hergestellten Zuschlagstoff für die Erzeugung eines Leichtbetons, eine Errungenschaft, die für viele Bauzwecke sehr zu begrüßen wäre. Andererseits hat Deutschland von uns z. B. Heraklith und den Asbestzementschiefer übernommen. Die gegenseitige Beeinflussung ist durch die Kulturgemeinschaft der Deutschen im Reiche und in Österreich ohne weiteres verständlich.

Leider sind wir nicht in der Lage, manche Errungenschaften Deutschlands auf dem Gebiete des Bauwesens zu übernehmen, weil uns hiezu die Rohstoffe fehlen. In Westdeutschland konnte der Bims die Ausführung von Hochbauten durch sein Vorkommen im Rheingebiet weitgehend beeinflussen. Diesem vorzüglichen Baustoff verdanken wir viele wertvolle Konstruktionsgedanken, deren Einführung auch bei uns mit anderen Baustoffen möglich sein sollte. An die Einführung von Bims in Österreich können wir nicht denken. Wir dürfen nie vergessen, daß die Bauindustrie eine Schlüsselindustrie ist und daß daher alle verantwortlichen Kreise dahin streben müssen, nur heimische Baustoffe zu verwenden.

Im vorliegenden Bericht sind wir auf Neuerungen (aus dem Gebiete der Baustoffe) für Isolierung gegen Wasser nicht näher eingegangen, weil diese Neuerungen von Deutschland bei uns Eingang fanden. Ebenso verhält es sich mit den Fortschritten auf dem Gebiete der Heizung und Installation. Hier ist überdies eine Urteilbildung sehr erschwert, weil erst mehrjährige praktische Erfahrungen mit diesen Neuerungen ein sicheres Urteil zulassen.

Auf wissenschaftlichem Gebiete können wir die Forschungen über Wärmeschutz als soweit abgeschlossen betrachten, daß sie uns hinreichend Sicherheiten beim Entwurf eines Bauwerkes geben; die Forschungen für Schallschutz geben uns bereits Fingerzeige, jedoch noch keine Sicherheiten, so daß alle weiteren Erfahrungen auf diesem Gebiete sorgfältig beobachtet werden müssen. Die auf dem Gebiete des Bauwesens sonst noch vorherrschenden Vielheiten von Ausführungen gleicher Bauteile müssen auf ein Mindestmaß herabgesetzt werden, damit nicht durch unnotwendige Kräftezersplitterung statt einer Verbilligung eine Verteuerung des Bauens entsteht. Gerade die Auswahl weniger bestgeeigneter Ausführungen von Bauelementen wird eine der wichtigsten Zukunftsaufgaben sein.

Wenn wir die in Deutschland in der letzten Zeit stark aufkommenden Skelettbauten betrachten, so müssen wir sagen, daß die dort gesammelten Erfahrungen für uns gelegentlich von Wert sein können. Auch bei uns wird diese Bauweise in Zukunft zu einer gewissen Bedeutung gelangen, so namentlich an Verkehrsstraßen und bei Hochhausbauten. Daß sie heute bei uns nahezu keine Bedeutung haben, ist in den ganz verschieden gearteten Bauverhältnisse der letzten Jahren und den wirtschaftlichen Verhältnissen bedingt.

Wenn daher, trotz vielem Gemeinsamen, die Bauausführung in Deutschland von jener Österreichs abweicht, wenn nicht alle Neuerungen der letzten Jahre, die in Deutschland versucht wurden, in Österreich Eingang fanden, so ist nicht Rückständigkeit, sondern das Fehlen entsprechender Bauaufgaben, der Mangel an entsprechenden Rohstoffen und vor allem das Nichtvorhandensein einer Wirtschaftlichkeit bei gleicher Ausführung in Österreich die Ursache. Wenn wir uns die Überlegungen beim Preisvergleich ins Gedächtnis zurückrufen, dann wird es wohl nicht notwendig sein, hier nochmals auseinanderzusetzen, wie diese auf die Bauverhältnisse Einfluß haben müssen. Es sei nur besonders darauf hingewiesen, daß wir bei der Mechanisierung unseres Baubetriebes vorsichtig zu Werke gehen müssen, da wir hiezu vielfach Maschinen aus dem Auslande beziehen müssen. Wir geben dadurch meist anderen Volkswirtschaften und nicht unserer heimischen Industrie einen zusätzlichen Arbeitsauftrag, der diejenigen Arbeiter beschäftigen soll, die später bei der Bauarbeit durch die Maschinen erspart werden. Bei der heutigen Arbeitsnot wird daher die Mechanisierung auf ihre Notwendigkeit gewissenhaft geprüft werden müssen.

Allen Baufachleuten ist die Notwendigkeit einer Kostenverbilligung beim Bauen eine selbstverständliche Erkenntnis. Wenn wir die Fortschritte im Hochbau betrachten, dann können wir wohl sagen, daß auf diesem Gebiete bereits manches erreicht wurde und anderes noch erreicht werden kann. Eine starke Preisminderung wird aber durch bauliche Maßnahmen allein nicht möglich sein. Es wird notwendig sein, sich beim Bau eines Hauses auf jene Ausführung zu beschränken, welche für den Wohnzweck unbedingt notwendig ist und die Mindestforderungen unserer Zeit in hygienischer und kultureller Beziehung berücksichtigt, ohne die Wirtschaftlichkeit zu gefährden. Vor allem muß getrachtet werden, durch weitgehende Normung und Typung bei allen in der Fabrik hergestellten Baustoffen und Bauteilen eines Hauses aus der heutigen Vielheit auf eine geringe Zahl von gleichartigen Gegenständen zu kommen, um dadurch die Erzeugung zu verbilligen.

Wenn eine weitgehende Baukostensenkung ermöglicht werden soll, dann ist dies nur durch Gemeinschaftsarbeit und durch Gemeinschaftsgefühl aller am Bauen beteiligten Kreise zu erreichen. Wenn sich Gemeinschaftsgefühl und Gemeinschaftsarbeit durchsetzen, dann braucht uns um die Erreichung dieses volkswirtschaftlich so wichtigen Zieles nicht bange zu sein.

Nachtrag.

Nach Abschluß dieses Berichtes wird der „Hexa“-Hohlsteinverschluß, eine Erfindung des Tirolers Koidl, bekannt. Der auf einer Strangpresse hergestellte und abgeschnittene Hohlstein aus Tonmaterial wird mit einem Kuppelverschluß versehen, der am Scheitel eine Öffnung hat, damit beim Brennen die Feuchtigkeit entweichen kann. Mit Hilfe dieses höchst einfachen Verfahrens kann man E. H. Z.-Steine herstellen (Abb. 99). Eine weitere höchst wertvolle Verwendung findet dieser Hohlsteinverschluß zur Herstellung des allseitig verschlossenen Hohlblockes (Abb. 100). Durch diesen Stein von vierfachem normalen Format (mehr Fugen) ist ein wertvolles Bauelement für die Herstellung von Mauerwerk im Flachbau geschaffen, der allen Anforderungen entspricht. Durch den beim Stein vorgesehenen Mörtelschlitz in den Stoßfugen ist deren sachgemäße Herstellung gewährleistet. Den Bauverband an den Mauerecken mit Zuhilfenahme des E. H. Z.-Steines zeigt Abb. 101. Zur Verarbeitung des Hohlblockes wird es zweckmäßig sein, sich eines Handgriffes zu bedienen, ähnlich jenem, den bereits Gilbreth für das Heben mehrerer Normalziegel verwendet hat (Abb. 102).

Abb. 102. Handgriff für „Hexa“-Hohlblock.

Der „Hexa“-Verschluß eignet sich auch für Deckensteine aus Ton (Abb. 103), so daß man auch mit diesem Baustoff Deckensteine herstellen kann, die die kreuzweise bewehrte Decke ermöglichen. Aber auch dann, wenn die Eisen nur nach einer Richtung gelegt werden, wird dieser Deckenstein mit Nutzen verwendet werden können, da er wegen der geschlossenen kleinen Hohlräume schalltechnisch günstig sein wird. Es ist selbstverständlich, daß man mit diesem Verschluß auch sogenannte „aufbeton“lose Deckensteine herstellen kann.

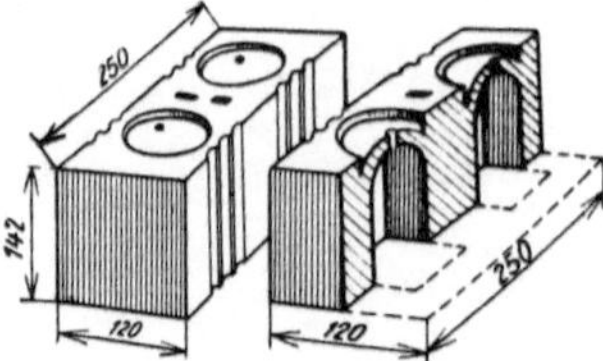

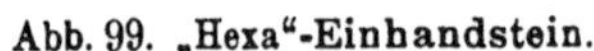

Abb. 99. „Hexa"-Einhandstein.

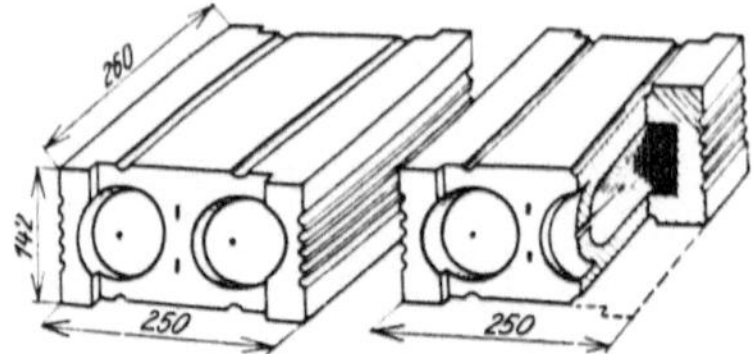

Abb. 100. „Hexa"-Hohlblock.

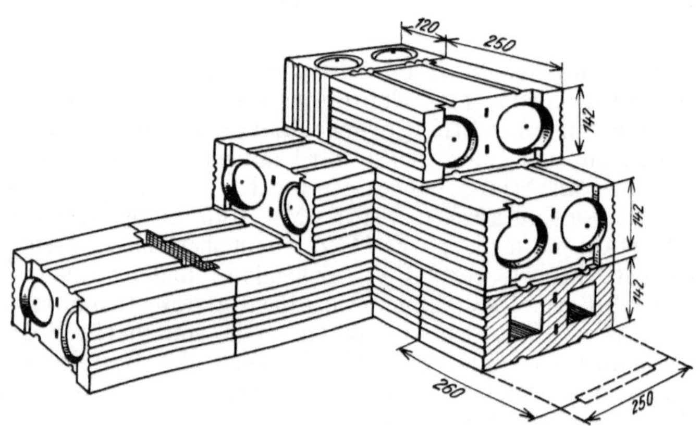

Abb. 101. Eckverband aus „Hexa"-Hohlziegeln.

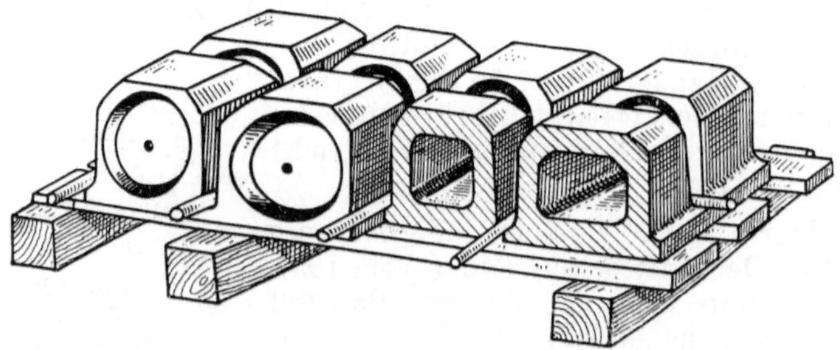

Abb. 103. „Hexa"-Decke.

Diese Erfindung des Abschlusses von Hohlräumen bei Tonsteinen wird sich segensreich nach der baulichen und nach der wirtschaftlichen Richtung auswirken.

Literaturverzeichnis.

I. Veröffentlichungen des deutschen Ausschusses für wirtschaftliches Bauen.

1. Vom wirtschaftlichen Bauen, Verlag O. Laube, Dresden, 4. Folge 1928.
2. Vom wirtschaftlichen Bauen, Verlag O. Laube, Dresden, 5. Folge 1928.
3. Vom wirtschaftlichen Bauen, Verlag O. Laube, Dresden, 6. Folge 1929.
4. Vom wirtschaftlichen Bauen, Verlag O. Laube, Dresden, 7. Folge 1930.
5. Vom wirtschaftlichen Bauen, Verlag O. Laube, Dresden, 8. Folge 1930.
6. Vom wirtschaftlichen Bauen, Verlag O. Laube, Dresden, 9. Folge 1931.

II. Druckschriften der Deutschen Reichsforschungsgesellschaft für Wirtschaftlichkeit im Bau- und Wohnungswesen (RFG).

Sämtliche Schriften sind im Beuthverlag, Berlin, erschienen.

a) Sonderhefte:

7. Bericht über die Versuchssiedlung Frankfurt a. M., Praunheim.
8. Bericht über die Versuchssiedlung München, Arnulfstraße.
9. Bericht über die Siedlung in Stuttgart am Weissenhof.
10. Bericht über die Versuchssiedlung Dessau-Törten.

b) Berichte und Vorträge zur technischen Tagung.

11. Gruppe 2, Baustoffe und Bauweisen im Wohnungsbau.
12. Gruppe 3, Heizung, Einrichtung und Installation.
13. Gruppe 5, Betriebsführung und technische Prüfungsverfahren.

c) Ansprachen und Verhandlungen der technischen Tagung.

14. Gruppe 2, Baustoffe und Bauweisen im Wohnungsbau.
15. Gruppe 3, Heizung, Einrichtung und Installation.
16. Gruppe 5, Betriebsführung und technische Prüfungsverfahren.

d) Mitteilungen.

17. Nr. 26, Wärmeschutz im Bauwesen, Privatdozent Dr. Ing. J. S. Cammerer.
18. Nr. 28, Bericht über Forschungen an sechs Versuchshäusern, durchgeführt von dem staatlichen Institut für Bauwesen in Moskau.
19. Nr. 50. Wärmeschutztechnische Untersuchung an Wohnbauten, Dr. Ing. Cammerer.
20. Nr. 15, 16, 19, 20, 21, 22, 23, 24, 51 behandeln Fragen des Baubetriebes.

e) Berichte.

21. Nr. 1. Bericht über die wärme- und schalltechnische Untersuchung in der Versuchssiedlung München, von Osk. Knoblauch, Herm. Reiher und Helm. Knoblauch.

22. Nr. 2, Wärmeschutztechnische Untersuchung an Wohnbauten, Fortsetzung Rfg. Mitteilung Nr. 50 (19), Dr. Ing. Cammerer.

III. Verschiedene Druckschriften.

23. Gerüstordnung, Berlin 1930.

24. Unfallverhütungsvorschriften der Magdeburgischen Baugewerksberufsgenossenschaft 1930.

25. Bedingungen für den Reichswettbewerb zur Förderung des wirtschaftlichen Massivdeckenbaues für Wohnhäuser.

26. Aufklärungsschriften der Deutschen Linoleumwerke über Decken, Estrich und Schallisolierung.

27. A. Feifel, „Das Stahlskelett", Verlag Wedekind & Co., Stuttgart.

28. A. Feifel, „Der Feifelblock", Verlag Wedekind & Co., Stuttgart.

29. Schmied E.: „Wärmestrahlung technischer Oberflächen bei gewöhnlicher Temperatur", Beiheft 20 zum „Gesundheitsingenieur", Verlag Oldenbourg-München, 1927.

30. Reisch: „Die Luftdruchlässigkeit von Baustoffen und Baukonstruktionsteilen". „Gesundheitsingenieur", 1928, S. 481 u. ff. Verlag Oldenbourg-München.

31. Reiher: „Entwurf für Forderungen im Wohnungsbau hinsichtlich Schallsicherheit und Wärmeschutz"; „Gesundheitsingenieur", 1928, S. 737 u. ff. Dieser Aufsatz ist auch abgedruckt in 8 und in 21.

32. Mull & Reiher: „Der Wärmeschutz von Luftschichten", Verlag Oldenbourg-München, 1930.

ÖKW-Veröffentlichungen.

Bis Ende Juni 1931 sind in Broschürenform erschienen:

Nr. 2. **„Österreichs zukünftige Energiewirtschaft.“** Von Generaldirektor a. D. Ziv.-Ing. Richard Hofbauer.

Inhalt: Die Energievorräte Österreichs, der Bedarf Österreichs an elektrischer Energie, die Verwertung der Energievorräte Österreichs, die künftige Energieverteilung, Organisationsprobleme der österreichischen Energiewirtschaft, Richtlinien für die Durchführung des Planes.

87 Normseiten (Format Önorm A 5) mit 2 Tafeln und einer energiewirtschaftlichen Übersichtskarte.

Verlag Julius Springer, Wien 1930.

Preis S 4.80.

Nr. 3. **„Die wirtschaftlichen Grundlagen der Donauschiffahrt.“** Von Generaldirektor Hofrat Ludwig Wertheimer.

Inhalt: Das geopolitische Milieu der Donauschiffahrt, die Friedensschlüsse und die Donauschiffahrt, die Voraussetzungen der Donauschiffahrt, der Schiffahrtsbetrieb auf der Donau, die österreichische Schiffahrt, Möglichkeiten der Hebung der Donauschiffahrt.

60 Normseiten (Format Önorm A 5) mit 7 Tabellen, einer vierfarbigen Donaukarte und einem Güterfahrplan der Betriebsgemeinschaft auf der Donau.

Verlag Julius Springer, Wien 1930.

Preis S 3.80.

Nr. 4. **„Die österreichische Donau im mitteleuropäischen Binnenschiffahrtsnetz.“** Von Sektionschef a. D. Ing. Otto Schneller.

Inhalt: Wirtschaftlichkeitsbestrebungen und Wasserwege, Wasserwege in Österreich und Deutschland, Notwendigkeit von einheitlichen Schiffsabmessungen für das mitteleuropäische Wasserstraßennetz, Durchzugswasserstraßen, Zusammenfassung, Beschlüsse des ÖKW-Donauausschusses.

31 Normseiten (Format Önorm A 5) mit einer Tabelle, 3 Längenprofilkarten und einer vierfarbigen Übersichtskarte über „Die Wasserstraßen Mitteleuropas“.

Industrieverlag Spaeth & Linde, 1930.

Preis S 2.80.

Nr. 5. „Die technischen Grundlagen der Donauschiffahrt.“ Von Hofrat Professor Rudolf Halter.

Inhalt: Allgemeine Beschreibung der Donau, Detailbeschreibung der einzelnen Donaustrecken: die Donau in Bayern, die österreichische Donaustrecke Passau—Devin, die vormals ungarische Donau Devin—Moldova-veche, die Kataraktenstrecke Moldova-veche—Turnu Severin, der untere Donauabschnitt Turnu Severin bis Sulina, die Donaumündung, Fahrwasserbezeichnung und -beleuchtung, die Donauhäfen, Beschlüsse des ÖKW-Donau-ausschusses.
68 Normseiten (Format Önorm A 5) mit 10 Tabellen, 4 Bildern und 4 Tafeln (Übersicht des Donaulaufes, generelles Längenprofil der Donau von Ulm bis zur Mündung, synoptische Darstellung der Sohle der österreichischen Donau, Längenprofil des Donauweges Bazias—Eisernes Tor).
Verlag Julius Springer, Wien 1931.
Preis S 7.65 (RM 4.50).

Nr. 6. „Stand der österreichischen Normung Juni 1930.“ Verfasser: Österreichischer Normenausschuß für Industrie und Gewerbe (ÖNIG).

Inhalt: Allgemeine Normen, Bauwesen, Berg- und Hüttenwesen, Chemische Industrie, Elektrotechnik, Feuerschutzwesen, Krankenkassenwesen, Landwirtschaft, Maschinenbau, Verkehrswesen, Sonstige Normen.
39 Seiten (Format Önorm A 5).
Selbstverlag des Kuratoriums, 1930.
Preis S 1.—.

Nr. 7. „Entwicklung und Rationalisierung der österreichischen Landwirtschaft.“

Mit folgenden Beiträgen: Überblick über die Lage und Probleme der österreichischen Landwirtschaft (Hofrat Doktor Winter), Viehwirtschaft (Prof. Dr. Stampfl), Pflanzenbau (Dr. Müller), Wein,- Obst- und Gemüsebau (Hofrat Löschnig), Technik in der Landwirtschaft (Dir. Ing. Greil), die Landarbeiterfrage (Dr. Stoiber), Österreichs landwirtschaftliche Genossenschaften (Dr. Lekusch), das landwirtschaftliche Unterrichtswesen (Dr. Steden), die Rationalisierung des Betriebes in der Landwirtschaft (Dr.-Ing. Strobl).
242 Normseiten (Format Önorm A 5) mit 50 Tabellen.
Agrarverlag, Wien 1931.
Preis S 7.—.

Nr. 8. „Fortschritte im Hochbau.“ Von Doz. Ing. Dr. techn. Sepp Heidinger, Graz.

Inhalt: Wissenschaftliche Grundlagen, Bauteile und Baustoffe (tragende Wände, Skelettwände, Kaminausbildung, Außenputz, Zwischenwände, Decken, Fenster und Türen), Erfahrungen mit neuen Bauweisen (Wirtschaftlichkeit, Wärme- und Schallschutz), Baubetrieb in Deutschland (Organisation der Baustellen, Werk-

zeuge, Schalungen, Gerüste Baumaschinen), Gemeinschaftsarbeit, Vergleich der Baukosten in Deutschland und Österreich.
127 Normseiten (Format Önorm A 5) mit 14 Tabellen und 108 Bildern.
Verlag Julius Springer, Wien 1931.
Preis S 9.60 (RM 5.65).

Nr. 10. „Der Austausch von Betriebserfahrungen.“ Ziele und Methoden der österreichischen Arbeitsgemeinschaft für Erfahrungsaustausch von Dr. Helmut Boller, Wien.
Inhalt: Das amerikanische Vorbild, Leitgedanken und psychologische Voraussetzungen, der Aufbau des Erfahrungsaustausches in Österreich; Struktur, Organisation und Arbeitsgebiet der Erfahrungsaustausch-Gruppen, Methoden und Ergebnisse des Erfahrungsaustausches in Österreich (1928—1931), statistische Übersicht, Anhang (Bericht der Untergruppe für Lohnverrechnung über Lohnerfassung und Lohnverrechnung bis zur Auszahlung an den Arbeiter, praktische Auswertung des Erfahrungsaustausches).
71 Normseiten (Format Önorm A 5) mit 12 Abbildungen (Formularen).
Verlag Julius Springer, Wien 1931.
Preis S 4.60 (RM 2.70).